REFERENCE DATA SERIES No. 2

NUCLEAR POWER REACTORS IN THE WORLD

2009 Edition

CHICAGO PUBLIC LIBRARY
BUSINESS / SCIENCE / TECHNOLOGY
400 S. STATE ST   60605

INTERNATIONAL ATOMIC ENERGY AGENCY
VIENNA, 2009

NUCLEAR POWER REACTORS IN THE WORLD
IAEA, VIENNA, 2009
IAEA-RDS-2/29
ISBN 978–92–0–105809–6
ISSN 1011–2642

Printed by the IAEA in Austria
July 2009

CONTENTS

Introduction 5
Definitions 7

Table 1. Reactors in operation, long-term shut down and under construction, 31 Dec. 2008 10
Table 2. Type and net electrical power of reactors connected to the grid, 31 Dec. 2008 12
Table 3. Type and net electrical power of reactors under construction, 31 Dec. 2008 13
Table 4. Reactor years of experience, up to 31 Dec. 2008 14
Table 5. Operating reactors and net electrical power, 1980 to 2008 16
Table 6. Nuclear electricity production and share from 1980 to 2008 18
Table 7. Annual construction starts and connections to the grid, 1954 to 2008 21
Table 8. Number of new reactors connected to the grid and median construction time span 22
Table 9. Construction starts during 2008 24
Table 10. Connections to the grid during 2008 25
Table 11. Scheduled connections to the grid during 2009 25
Table 12. Reactors planned for construction as known on 31 Dec. 2008 26
Table 13. Reactors under construction 31 Dec. 2008 28
Table 14. Reactors in operation, 31 Dec. 2008 30
Table 15. Long-term shut down reactors, 31 Dec. 2008 46
Table 16. Reactors permanently shut down, 31 Dec. 2008 47
Table 17. Reactors in decommissioning process or decommissioned, 31 Dec. 2008 52
Table 18. Performance factors by reactor category, 2005 to 2008 56
Table 19. Full outage statistics during 2008 57
Table 20. Direct causes of full outages during 2008 .. 58

Table 21.	Direct causes of full outages, 1971 to 2008 59
Table 22.	Countries – abbreviations and summary 60
Table 23.	Reactor types – abbreviations and summary 61
Table 24.	Operators – abbreviations and summary 62
Table 25.	NSSS suppliers – abbreviations and summary 68
Figure 1.	Nuclear reactors by type and net electrical power (as of 31 Dec. 2008)... 72
Figure 2.	Reactors under construction by type and net electrical power (as of 31 Dec. 2008)... 73
Figure 3.	Nuclear share of electricity generation (as of 31 Dec. 2008) 74
Figure 4.	Worldwide median construction time span (as of 31 Dec. 2008) 75
Figure 5.	Number of reactors in operation by age (as of 31 Dec. 2008) 76
Figure 6.	Annual construction starts and connections to the grid (1954–2008) 77

INTRODUCTION

This is the twenty-ninth edition of Reference Data Series No. 2, *Nuclear Power Reactors in the World*, which is published once per year, and presents the most recent reactor data available to the IAEA. It contains the following summarized information:

– General information as of the end of 2008 on power reactors operating or under construction, and shut down;
– Performance data on reactors operating in the Agency's Member States, as reported to the IAEA.

The IAEA's Power Reactor Information System (PRIS) is a comprehensive data source on nuclear power reactors in the world. It includes specification and performance history data of operating reactors as well as reactors under construction or reactors being decommissioned. PRIS data are collected by the IAEA through the designated national correspondents of Member States.

PRIS outputs are available in the annual publications and on the PRIS web site
 http://www.iaea.org/dbpage.
Detailed outputs are accessible to registered users through on-line applications. Enquiries should be addressed to:

>Director
>Division of Nuclear Power
>International Atomic Energy Agency
>Vienna International Centre
>PO Box 100
>1400 Vienna, Austria

DEFINITIONS

Performance Factors

$$\text{EAF (\%)} = \frac{(\text{REG} - \text{PEL} - \text{UEL} - \text{XEL})}{\text{REG}} \times 100$$

$$\text{UCF (\%)} = \frac{(\text{REG} - \text{PEL} - \text{UEL})}{\text{REG}} \times 100$$

$$\text{UCL (\%)} = \frac{\text{UEL}}{\text{REG}} \times 100$$

$$\text{PCL (\%)} = \frac{\text{PEL}}{\text{REG}} \times 100$$

$$\text{LF (\%)} = \frac{\text{EG}}{\text{REG}} \times 100$$

$$\text{OF (\%)} = \frac{\text{Online Hours}}{\text{Total Hours}} \times 100$$

where

EAF	is the energy availability factor, expressed in per cent.
UCF	is the unit capability factor, expressed in per cent.
UCL	is the unplanned capability loss factor, expressed in per cent.
PCL	is the planned capability loss factor, expressed in per cent.
LF	is the load factor, expressed in per cent.
OF	is the operating factor, expressed in per cent.
REG	reference energy generation: is the net electrical energy (MW·h), which would have been supplied when a unit is continuously operated at the reference unit power during the entire reference period.

PEL   planned energy loss: is the energy (MW·h) that was not supplied during the period because of planned shutdowns or load reductions due to causes under plant management control. Energy losses are considered planned if they are scheduled at least four weeks in advance.

UEL   unplanned energy loss: the energy (MW·h) that was not supplied during the period because of unplanned shutdowns, outage extensions, or load reductions due to causes under plant management control. Energy losses are considered to be unplanned if they are not scheduled at least four weeks in advance.

XEL   external energy loss: the energy (MW·h), that was not supplied due to constraints reducing plant availability and being beyond plant management control.

EG   the net electrical energy supplied during the reference period as measured at the unit outlet terminals, i.e. after deducting the electrical energy taken by unit auxiliaries and the losses in transformers that are considered integral parts of the unit.

Construction Start
Date when first major placing of concrete, usually for the base mat of the reactor building, is done.

First Criticality
Date when the reactor is made critical for the first time.

Grid Connection
Date when the plant is first connected to the electrical grid for the supply of power. After this date, the plant is considered to be in operation.

Commercial Operation
Date when the plant is handed over by the contractors to the owner and declared officially to be in commercial operation.

Permanent Shutdown
Date when the plant is officially declared to be shut down by the owner and taken out of operation permanently.

Long term Shutdown
A unit is considered in the long-term shutdown status, if it has been shut down for an extended period (usually several years) without any firm recovery schedule at the beginning but there is the intention to re-start the unit eventually.

Units and Energy Conversion
1 terawatt-hour (TW·h) = 10^6 megawatt-hours (MW·h).

For an average power plant,

1 TW·h = 0.39 megatonnes of coal equivalent (input)
= 0.23 megatonnes of oil equivalent (input).

TABLE 1. REACTORS IN OPERATION, LONG-TERM SHUTDOWN AND UNDER CONSTRUCTION, 31 DEC. 2008

Country	Reactors in Operation No of Units	Reactors in Operation Total MW(e)	Long-term Shutdown Reactors No of Units	Long-term Shutdown Reactors Total MW(e)	Reactors under Construction No of Units	Reactors under Construction Total MW(e)	Nuclear Electricity Supplied in 2008 TW(e).h	Nuclear Electricity Supplied in 2008 % of Total
ARGENTINA	2	935			1	692	6.85	6.18
ARMENIA	1	376					2.27	39.35
BELGIUM	7	5824					43.36	53.76
BRAZIL	2	1766					13.21	3.12
BULGARIA	2	1906			2	1906	14.74	32.92
CANADA	18	12577					88.30	14.80
CHINA	11	8438			11	10220	65.32	2.15
CZECH REP.	6	3634					25.02	32.45
FINLAND	4	2696			1	1600	22.05	29.73
FRANCE	59	63260			1	1600	419.80	76.18
GERMANY	17	20470					140.89	28.82
HUNGARY	4	1859					13.87	37.15
INDIA	17	3782			6	2910	13.18	2.03
IRAN,ISL.REP.					1	915	NA	NA
JAPAN	55	47278	1	246	2	2191	241.25	24.93
KOREA REP.	20	17647			5	5180	144.25	35.62
LITHUANIA	1	1185					9.14	72.89
MEXICO	2	1300					9.36	4.04
NETHERLANDS	1	482					3.93	3.80
PAKISTAN	2	425			1	300	1.74	1.91
ROMANIA	2	1300					10.33	17.54
RUSSIA	31	21743			8	5809	152.06	16.86
SLOVAKIA	4	1711					15.45	56.42
SLOVENIA	1	666					5.97	41.71
SOUTH AFRICA	2	1800					12.75	5.25
SPAIN	8	7450					56.45	18.27
SWEDEN	10	8996					61.34	42.04
SWITZERLAND	5	3220					26.27	39.22

TABLE 1. REACTORS IN OPERATION, LONG-TERM SHUTDOWN AND UNDER CONSTRUCTION, 31 DEC. 2008 — continued

Country	Reactors in Operation		Long-term Shutdown Reactors		Reactors under Construction		Nuclear Electricity Supplied in 2008	
	No of Units	Total MW(e)	No of Units	Total MW(e)	No of Units	Total MW(e)	TW(e).h	% of Total
UK	19	10097					48.21	13.45
UKRAINE	15	13107			2	1900	84.47	47.40
USA	104	100683			1	1165	806.68	19.66
Total	438	371562	5	2972	44	38988	2597.81	17.71

Note: The total includes the following data from Taiwan, China:

— 6 units, 4949 MW(e) in operation; 2 units, 2600 MW(e) under construction;

— 39.30 TW(e).h of nuclear electricity generation, representing 17.45% of the total electricity generated there;

The total share is related only to the countries with NPPs in operation

TABLE 2. TYPE AND NET ELECTRICAL POWER OF REACTORS CONNECTED TO THE GRID, 31 DEC. 2008

Country	PWR No.	PWR MW(e)	BWR No.	BWR MW(e)	GCR No.	GCR MW(e)	PHWR No.	PHWR MW(e)	LWGR No.	LWGR MW(e)	FBR No.	FBR MW(e)	Total No.	Total MW(e)
ARGENTINA							2	935					2	935
ARMENIA	1	376											1	376
BELGIUM	7	5824											7	5824
BRAZIL	2	1766											2	1766
BULGARIA	2	1906											2	1906
CANADA							18	12577					18	12577
CHINA	9	7138					2	1300					11	8438
CZECH REP.	6	3634											6	3634
FINLAND	2	976	2	1720									4	2696
FRANCE	58	63130									1	130	59	63260
GERMANY	11	14013	6	6457									17	20470
HUNGARY	4	1859											4	1859
INDIA			2	300			15	3482					17	3782
JAPAN	23	18420	32	28858									55	47278
KOREA REP.	16	14925					4	2722					20	17647
LITHUANIA									1	1185			1	1185
MEXICO			2	1300									2	1300
NETHERLANDS	1	482											1	482
PAKISTAN	1	300					1	125					2	425
ROMANIA							2	1300					2	1300
RUSSIA	15	10964							15	10219	1	560	31	21743
SLOVAKIA	4	1711											4	1711
SLOVENIA	1	666											1	666
SOUTH AFRICA	2	1800											2	1800
SPAIN	6	5940	2	1510									8	7450
SWEDEN	3	2787	7	6209									10	8996
SWITZERLAND	3	1700	2	1520									5	3220
UK	1	1188			18	8909							19	10097
UKRAINE	15	13107											15	13107
USA	69	66739	35	33944									104	100683
TOTAL	264	243159	94	84959	18	8909	44	22441	16	11404	2	690	438	371562

The totals include 6 units, 4949 MW(e) in Taiwan, China.

TABLE 3. TYPE AND NET ELECTRICAL POWER OF REACTORS UNDER CONSTRUCTION, 31 DEC. 2008

Country	PWR No.	PWR MW(e)	BWR No.	BWR MW(e)	PHWR No.	PHWR MW(e)	LWGR No.	LWGR MW(e)	FBR No.	FBR MW(e)	Total No.	Total MW(e)
ARGENTINA					1	692					1	692
BULGARIA	2	1906									2	1906
CHINA	11	10220									11	10220
FINLAND	1	1600									1	1600
FRANCE	1	1600									1	1600
INDIA	2	1834			3	606			1	470	6	2910
IRAN,ISL.REP	1	915									1	915
JAPAN	1	866	1	1325							2	2191
KOREA REP.	5	5180									5	5180
PAKISTAN	1	300									1	300
RUSSIA	6	4134					1	925	1	750	8	5809
UKRAINE	2	1900									2	1900
USA	1	1165									1	1165
TOTAL	34	31620	(*) 3	3925	4	1298	1	925	2	1220	44	38988

(*) The totals include 2 unit s (2xBWR), 2600 MW(e) in Taiwan, China.

During 2008, 10 reactors, 10470 MW(e) started construction.

TABLE 4. REACTOR YEARS OF EXPERIENCE, UP TO 31 DEC. 2008

Country	Reactors Connected to the Grid No	Capacity MW(e) Net	Long-term Shutdown Reactors No	Capacity MW(e) Net	Permanently Shutdown Reactors No	Capacity MW(e) Net	Total, Operating and Shutdown Reactors No	Capacity MW(e) Net	Experience Years	Months
ARGENTINA	2	935					2	935	60	7
ARMENIA	1	376			1	376	2	752	34	8
BELGIUM	7	5824			1	10	8	5834	226	7
BRAZIL	2	1766					2	1766	35	3
BULGARIA	2	1906			4	1632	6	3538	145	3
CANADA	18	12577	4	2726	3	478	25	15781	564	2
CHINA	11	8438					11	8438	88	3
CZECH REP.	6	3634					6	3634	104	10
FINLAND	4	2696					4	2696	119	4
FRANCE	59	63260			11	3748	70	67008	1641	2
GERMANY	17	20470			19	5879	36	26349	734	5
HUNGARY	4	1859					4	1859	94	2
INDIA	17	3782					17	3782	301	4
ITALY					4	1423	4	1423	81	
JAPAN	55	47278	1	246	3	297	59	47821	1386	8
KAZAKHSTAN					1	52	1	52	25	10
KOREA REP.	20	17647					20	17647	319	8
LITHUANIA	1	1185			1	1185	2	2370	42	6
MEXICO	2	1300					2	1300	33	11
NETHERLANDS	1	482			1	55	2	537	64	
PAKISTAN	2	425					2	425	45	10
ROMANIA	2	1300					2	1300	13	11
RUSSIA	31	21743			5	786	36	22529	963	4
SLOVAKIA	4	1711			3	909	7	2620	128	7
SLOVENIA	1	666					1	666	27	3
SOUTH AFRICA	2	1800					2	1800	48	
SPAIN	8	7450			2	621	10	8071	261	6
SWEDEN	10	8996			3	1225	13	10221	362	6

TABLE 4. REACTOR YEARS OF EXPERIENCE, UP TO 31 DEC. 2008 — continued

Country	Reactors Connected to the Grid No	Reactors Connected to the Grid Capacity MW(e) Net	Long-term Shutdown Reactors No	Long-term Shutdown Reactors Capacity MW(e) Net	Permanently Shutdown Reactors No	Permanently Shutdown Reactors Capacity MW(e) Net	Total, Operating and Shutdown Reactors No	Total, Operating and Shutdown Reactors Capacity MW(e) Net	Experience Years	Experience Months
SWITZERLAND	5	3220					5	3220	168	10
UK	19	10097			26	3666	45	13763	1438	8
UKRAINE	15	13107			4	3515	19	16622	353	6
USA	104	100683			28	9764	132	110447	3395	9
Total	438	371562	5	2972	120	35621	563	410155	13475	7

Notes:
1. The total includes the following data from Taiwan, China:
— reactors connected to the grid: 6 units, 4949 MW(e), 164 years 1 month.
2. Operating Experience is counted from the grid connection excluding a long-term shutdown period.

TABLE 5. OPERATING REACTORS AND NET ELECTRICAL POWER, 1980 TO 2008

Number of Units and Net Capacity (MW(e)) Connected to the Grid at 31st Dec. of Each Year

Country	1980 No.	1980 MW(e)	1985 No.	1985 MW(e)	1990 No.	1990 MW(e)	1995 No.	1995 MW(e)	2000 No.	2000 MW(e)	2005 No.	2005 MW(e)	2007 No.	2007 MW(e)	2008 No.	2008 MW(e)
ARGENTINA	1	335	2	935	2	935	2	935	2	978	2	935	2	935	2	935
ARMENIA	2	816	2	816			1	376	1	376	1	376	1	376	1	376
BELGIUM	4	1670	8	5464	7	5501	7	5631	7	5712	7	5801	7	5824	7	5824
BRAZIL			1	626	1	626	1	626	2	1976	2	1901	2	1795	2	1766
BULGARIA	3	1224	4	1632	5	2585	6	3538	6	3760	4	2722	2	1906	2	1906
CANADA	10	5172	16	9741	20	13993	21	14902	14	9998	18	12584	18	12610	18	12577
CHINA							3	2188	3	2188	9	6587	11	8438	11	8438
CZECH REP.									5	2611	6	3373	6	3619	6	3634
FINLAND	4	2208	4	2300	4	1632	4	1782	4	2656	4	2676	4	2696	4	2696
FRANCE	22	14388	43	37478	56	55808	56	58573	59	63080	59	63260	59	63260	59	63260
GERMANY	19	10323	24	18110	21	21250	19	20972	19	21283	17	20339	17	20430	17	20470
HUNGARY			2	825	4	1710	4	1729	4	1729	4	1755	4	1829	4	1859
INDIA	4	832	6	1143	7	1324	10	1746	14	2508	15	2993	17	3782	17	3782
ITALY	4	1112	3	1273												
JAPAN	23	14918	33	23612	41	30867	50	39625	52	43262	55	47593	55	47587	55	47278
KAZAKHSTAN	1	135	1	135	1	135	1	50								
KOREA REP.	1	564	5	3580	9	7220	11	9115	16	12990	20	16810	20	17451	20	17647
LITHUANIA			1	1380	2	2760	2	2370	2	2370	1	1185	1	1185	1	1185
MEXICO					1	640	2	1256	2	1290	2	1360	2	1360	2	1300
NETHERLANDS	2	498	2	508	2	539	2	510	1	449	1	450	1	482	1	482
PAKISTAN	1	125	1	137	1	125	1	125	2	425	2	425	2	425	2	425
ROMANIA									1	655	1	655	2	1305	2	1300
RUSSIA	20	8596	28	15841	29	18898	30	19848	30	19848	31	21743	31	21743	31	21743
SLOVAKIA	2	780	4	1632	4	1632	4	1632	6	2440	6	2442	5	2034	4	1711
SLOVENIA			1	632	1	620	1	620	1	676	1	656	1	666	1	666
SOUTH AFRICA			2	1840	2	1840	2	1840	2	1840	2	1800	2	1800	2	1800
SPAIN	3	1073	8	5608	9	7099	9	7097	9	7468	9	7591	8	7450	8	7450
SWEDEN	8	5515	12	9450	12	9919	12	10058	11	9417	10	8916	10	9034	10	8996
SWITZERLAND	4	1940	5	2881	5	2942	5	3056	5	3170	5	3220	5	3220	5	3220

16

TABLE 5. OPERATING REACTORS AND NET ELECTRICAL POWER, 1980 TO 2008 — continued

Number of Units and Net Capacity (MW(e)) Connected to the Grid at 31st Dec. of Each Year

Country	1980 No.	1980 MW(e)	1985 No.	1985 MW(e)	1990 No.	1990 MW(e)	1995 No.	1995 MW(e)	2000 No.	2000 MW(e)	2005 No.	2005 MW(e)	2007 No.	2007 MW(e)	2008 No.	2008 MW(e)
UK	33	8686	38	12485	37	13496	35	13718	33	13059	23	11852	19	10222	19	10097
UKRAINE	3	2286	10	8324	15	13020	15	13045	13	11195	15	13107	15	13107	15	13107
USA	69	50881	90	74401	108	96228	108	98068	103	96297	103	98145	104	100266	104	100683
WORLD	245	135285	363	248070	416	320482	434	342225	435	350590	441	368136	439	371758	438	371562

Note: The world total includes the following data in Taiwan, China:
- 1980: 2 units, 1208 MW(e), 1985: 6 units, 4890 MW(e), 1990: 6 units, 4828 MW(e), 1995: 6 units, 4884 MW(e), 2000: 6 units, 4884 MW(e), 2005: 6 units, 4884 MW(e), 2007: 6 units, 4921 MW(e), 2008: 6 units, 4949 MW(e).

TABLE 6. NUCLEAR ELECTRICITY PRODUCTION AND SHARE FROM 1980 TO 2008

Nuclear production (TW(e).h) of reactors connected to the Grid at 31st Dec. of the year

Country	1980 TW(e).h	1980 % of Total	1985 TW(e).h	1985 % of Total	1990 TW(e).h	1990 % of Total	1995 TW(e).h	1995 % of Total	2000 TW(e).h	2000 % of Total	2005 TW(e).h	2005 % of Total	2007 TW(e).h	2007 % of Total	2008 TW(e).h	2008 % of Total
ARGENTINA	2.18	NA	5.25	11.7	6.72	19.8	6.57	11.8	5.74	7.3	6.37	6.9	6.72	6.2	6.85	6.2
ARMENIA									1.84	33.0	2.50	42.7	2.35	43.5	2.27	39.4
BELGIUM	11.86	NA	29.25	59.8	40.59	60.1	39.30	55.5	45.81	56.8	45.34	55.6	45.85	54.1	43.36	53.8
BRAZIL			3.17	1.7	2.06	1.0	2.33	1.0	5.59	1.9	9.20	2.5	11.65	2.8	13.21	3.1
BULGARIA	5.71	NA	12.17	31.6	13.51	35.7	16.22	46.4	16.79	45.0	17.38	44.1	13.69	32.1	14.74	32.9
CANADA	38.02	NA	59.47	12.7	69.87	14.8	93.98	17.3	69.12	11.8	86.83	14.5	88.19	14.7	88.30	14.8
CHINA							12.13	1.2	16.02	1.2	50.33	2.0	59.30	1.9	65.32	2.2
CZECH REP.			1.99	NA	11.77	NA	12.23	20.0	12.71	18.7	23.25	30.5	24.64	30.3	25.02	32.5
FINLAND	6.68	NA	17.98	38.2	18.13	35.1	18.13	29.9	21.58	32.2	22.36	32.9	22.51	28.9	22.05	29.7
FRANCE	57.31	NA	213.26	64.8	297.61	74.5	358.71	76.1	395.39	76.4	431.18	78.5	420.13	76.9	419.80	76.2
GERMANY	41.44	NA	119.59	31.2	139.37	33.1	146.13	29.6	160.66	30.6	154.61	31.1	133.21	27.3	140.89	28.3
HUNGARY			6.10	23.6	12.89	51.4	13.20	42.3	13.35	40.6	13.02	37.2	13.66	36.8	13.87	37.2
INDIA	2.77	NA	3.87	2.2	5.29	2.2	6.99	1.9	14.23	3.1	15.73	2.8	15.76	2.5	13.18	2.0
ITALY	2.11	NA	6.46	3.8												
JAPAN	79.11	NA	145.37	22.7	187.19	27.1	274.71	33.4	305.67	33.8	280.50	29.3	267.34	27.5	241.25	24.9
KAZAKHSTAN							0.08	0.1								
KOREA REP.	3.26	NA	12.14	23.2	50.26	49.1	60.21	36.1	103.54	40.7	137.59	44.7	136.60	35.3	144.25	35.6
LITHUANIA			8.75	NA	15.70	NA	10.64	86.1	7.42	73.9	9.54	70.3	9.07	64.4	9.14	72.9
MEXICO					2.78	2.6	7.53	6.0	7.92	3.9	10.32	5.0	9.95	4.6	9.36	4.0
NETHERLANDS	3.97	NA	3.69	6.1	3.29	4.9	3.78	4.9	3.70	4.3	3.77	3.9	3.99	4.1	3.93	3.8
PAKISTAN	0.07	0.5	0.26	1.0	0.38	1.1	0.46	0.9	0.90	1.7	2.41	2.8	2.31	2.3	1.74	1.9
ROMANIA									5.05	10.9	5.11	8.6	7.08	13.0	10.33	17.5
RUSSIA	43.78	NA	88.26	NA	109.62	NA	91.59	11.8	120.10	15.0	137.64	15.8	147.99	16.0	152.06	16.9
SLOVAKIA	4.52	NA	8.70	NA	11.16	NA	11.35	44.1	15.17	53.4	16.34	56.1	14.16	54.3	15.45	56.4
SLOVENIA			3.85	NA	4.39	NA	4.57	39.5	4.55	37.4	5.61	42.4	5.43	41.6	5.97	41.7
SOUTH AFRICA			5.39	4.2	8.47	5.6	11.29	6.5	13.00	6.6	12.24	5.5	12.60	5.5	12.75	5.3
SPAIN	4.98	NA	26.83	24.0	51.98	35.9	53.49	34.1	59.49	27.6	54.99	19.6	52.71	17.4	56.45	18.3
SWEDEN	25.42	NA	55.89	42.3	65.27	45.9	67.19	46.6	51.88	39.0	69.64	44.9	64.31	46.1	61.34	42.0
SWITZERLAND	13.63	NA	21.28	39.8	22.40	42.6	23.58	39.9	25.05	38.2	22.11	38.0	26.49	40.0	26.27	39.2

TABLE 6. NUCLEAR ELECTRICITY PRODUCTION AND SHARE FROM 1980 TO 2008 — continued

Nuclear production (TW(e).h) of reactors connected to the Grid at 31st Dec. of the year

Country	1980 TW(e).h	1980 % of Total	1985 TW(e).h	1985 % of Total	1990 TW(e).h	1990 % of Total	1995 TW(e).h	1995 % of Total	2000 TW(e).h	2000 % of Total	2005 TW(e).h	2005 % of Total	2007 TW(e).h	2007 % of Total	2008 TW(e).h	2008 % of Total
UK	32.32	NA	53.73	19.6	58.77	19.7	70.64	25.4	72.99	21.9	75.34	19.9	57.52	15.1	48.21	13.5
UKRAINE	6.38	NA	35.81	NA	71.26	NA	65.78	37.8	72.56	47.3	83.40	48.5	87.22	48.1	84.47	47.4
USA	249.84	NA	378.68	15.5	578.08	20.6	673.52	22.5	755.55	19.8	783.35	19.3	806.55	19.4	806.68	19.7
WORLD	635.36		1327.19		1890.35		2190.13		2440.37		2626.40		2608.14		2597.81	

Note: The world total includes the following data from Taiwan, China:

1990: 31.54 TW(e).h of nuclear electricity generation, representing 38.32% of the total electricity generated there
1995: 33.8 TW(e).h of nuclear electricity generation, representing 28.79% of the total electricity generated there
2000: 37 TW(e).h of nuclear electricity generation, representing 23.64% of the total electricity generated there
2005: 38.4 TW(e).h of nuclear electricity generation, representing 20.25% of the total electricity generated there
2007: 38.96 TW(e).h of nuclear electricity generation, representing 19.3% of the total electricity generated there
2008: 39.3 TW(e).h of nuclear electricity generation, representing 19.62% of the total electricity generated there

TABLE 7. ANNUAL CONSTRUCTION STARTS AND CONNECTIONS TO THE GRID, 1954 TO 2008

Year	Construction Starts Units	Construction Starts MW(e)	Connections to the Grid Units	Connections to the Grid MW(e)	Reactors in operation Units	Reactors in operation MW(e)
1954	1	60	1	5	1	5
1955	8	352			1	5
1956	5	581	1	50	2	55
1957	13	1746	3	134	5	189
1958	6	434	1	50	6	239
1959	7	906	5	238	11	477
1960	11	918	4	452	15	929
1961	7	1391	1	15	16	946
1962	7	1237	9	893	25	1839
1963	5	2100	9	456	33	2271
1964	9	2747	8	1036	40	3232
1965	9	3032	8	1681	48	4913
1966	15	7116	8	1375	55	6279
1967	25	15395	11	2107	64	8310
1968	32	21802	6	1063	68	9334
1969	16	11485	10	3670	78	13004
1970	36	23849	6	3539	84	18986
1971	14	8713	16	7748	99	26611
1972	30	23160	16	8538	113	35268
1973	27	22981	20	11696	132	45953
1974	27	23634	26	16878	154	63290
1975	32	30017	15	9760	169	72709
1976	33	30536	19	13533	186	86162
1977	19	16478	18	12889	200	98696
1978	14	13079	20	15496	219	114213
1979	25	21763	8	6889	225	120102
1980	20	18925	21	15170	245	135285
1981	15	14123	23	20391	267	156098
1982	14	15627	19	14997	284	170790
1983	9	7628	23	18921	306	190067
1984	7	7045	33	30878	336	220865
1985	14	11568	33	30631	363	248070
1986	5	4046	27	26876	389	274438
1987	7	6820	22	22002	407	298233
1988	5	5836	14	13618	416	307457
1989	6	4014	12	10397	420	314333
1990	5	3263	10	10531	416	320482
1991	2	2246	4	3668	415	323865
1992	3	3092	6	4799	418	327202
1993	4	3535	9	9026	427	335856
1994	2	1300	5	4164	429	338860
1995			5	3529	434	342225
1996	1	610	6	6974	438	348140
1997	5	4386	3	3555	434	348836
1998	3	2111	4	2978	430	345756
1999	4	4560	4	2704	432	348194
2000	6	5265	6	3213	435	350590
2001	1	1304	3	2696	438	353321
2002	5	2440	6	5016	439	357708
2003	1	202	2	1625	437	359961
2004	2	1336	5	4785	438	364704
2005	3	2900	4	3821	441	368136
2006	4	3320	2	1490	435	369682
2007	8	6519	3	1785	439	371758
2008	10	10470			438	371562

TABLE 8. NUMBER OF NEW REACTORS CONNECTED TO THE GRID AND MEDIAN CONSTRUCTION TIME SPAN

Country	1976 to 1980 No.	Months	1981 to 1985 No.	Months	1986 to 1990 No.	Months	1991 to 1995 No.	Months	1996 to 2000 No.	Months	2001 to 2005 No.	Months	2006 to 2008 No.	Months
ARGENTINA	2	73	1	109										
ARMENIA														
BELGIUM			4	80										
BRAZIL			1	132										
BULGARIA	1	87	1	104	1	89	1	113	1	295				
CANADA	4	69	7	98	5	101	2	97						
CHINA							3	73	1	167	6	60	2	80
CZECH REP.			1	74	3	93					1	191		
FINLAND	4	63												
FRANCE	13	66	24	68	15	86	3	93	4	124				
GERMANY	9	68	7	100	6	103								
HUNGARY			2	112	2	90								
INDIA	1	152	2	154	1	152	3	120	4	122	1	64	2	68
ITALY	1	101												
JAPAN	11	61	10	46	8	49	10	46	3	42	4	47		
KOREA REP.	1	59	4	65	4	62	2	61	5	56	4	54		
LITHUANIA			1	80	1	116								
MEXICO					1	151								
PAKISTAN							1	210	1	83				
ROMANIA									1	169			1	290
RUSSIA	6	74	9	73	4	72	1	109	2	187	2	233		
SLOVAKIA	2	89	2	99										
SLOVENIA			1	80										
SOUTH AFRICA			2	102	2	96								
SPAIN	3	85	5	112										
SWEDEN	1	63	4	74										
SWITZERLAND			1	125										
UK	4	106	6	186	4	98	1	80						

TABLE 8. NUMBER OF NEW REACTORS CONNECTED TO THE GRID AND MEDIAN CONSTRUCTION TIME SPAN — continued

Country	1976 to 1980		1981 to 1985		1986 to 1990		1991 to 1995		1996 to 2000		2001 to 2005		2006 to 2008	
	No.	Months	No.	Months	No.	Months	No.	Months	No.	Months	No.	Months	No.	Months
UKRAINE	3	89	7	64	6	57	1	113						
USA	18	95	25	115	22	144	1	221	1	278	2	227		
TOTAL	86	74	131	99	85	95	29	103	23	146	20	64	5	80

Note: Construction time is measured from the first pouring of concrete to the connection of the unit to the grid.

The totals include the following data from Taiwan, China:

— 1976 to 1980: 2 units, 64 Months
— 1981 to 1985: 4 units, 72 Months
No grid connection in 2008

TABLE 9. CONSTRUCTION STARTS DURING 2008

Country	Reactor Code	Reactor Name	Type	Model	Capacity [MW] Thermal	Capacity [MW] Gross	Capacity [MW] Net	Operator	NSSS Supplier	Construction start	Grid Connection	Commercial Operation
CHINA	CN-28	FANGJIASHAN 1	PWR	CPR-1000	2905	1087	1000	QNPC	DFEC	2008-12	—	—
	CN-30	FUQING 1	PWR	CPR-1000	2905	1087	1000	Fuqing	DFEC	2008-11	—	—
	CN-21	HONGYANHE 2	PWR	CPR-1000	2905	1080	1000	LHNPC	DFEC	2008-3	—	—
	CN-36	NINGDE 1	PWR	M310	2905	1087	1000	NDNPC	DFEC	2008-2	—	—
	CN-37	NINGDE 2	PWR	M310	2905	1080	1000	NDNPC	DFEC	2008-11	—	—
	CN-18	YANGJIANG 1	PWR	CPR-1000	2905	1087	1000	YJNPC	DFEC	2008-12	—	—
KOREA REP.	KR-25	SHIN-KORI-3	PWR	APR-1400	3983	1400	1340	KHNP	DHIC/KOPC	2008-10	—	2013-9
	KR-24	SHIN-WOLSONG-2	PWR	OPR-1000	2825	1000	960	KHNP	DHIC/KOPC	2008-9	2012-5	2012-10
RUSSIA	RU-163	LENINGRAD 2-1	PWR	VVER-AES	3200	1170	1085	EA	ROSATOM	2008-10	—	—
	RU-161	NOVOVORONEZH 2-1	PWR	VVER-1100	3200	1170	1085	EA	ROSATOM	2008-6	—	2012-12

During 2008, 10 reactors (10470 MW) started construction.

TABLE 10. CONNECTIONS TO THE GRID DURING 2008

Country	Reactor		Type	Model	Capacity [MW]			Operator	NSSS Supplier	Construction Start	First Criticality	Grid Connection
	Code	Name			Thermal	Gross	Net					

There were no grid connections in 2008.

TABLE 11. SCHEDULED CONNECTIONS TO THE GRID DURING 2009

Country	Reactor		Type	Model	Capacity [MW]			Operator	NSSS Supplier	Construction Start	First Criticality	Grid Date
	Code	Name			Thermal	Gross	Net					
INDIA	IN-16	KAIGA-4	PHWR	Horizontal Pre	800	220	202	NPCIL	NPCIL	2002-5	—	2009-11
	IN-25	KUDANKULAM-1	PWR	VVER V-412	0	1000	917	NPCIL	MAEP	2002-3	—	2009-7
	IN-20	RAJASTHAN-6	PHWR	Horizontal Pre	0	220	202	NPCIL	NPCIL	2003-1	—	2009-6
IRAN, ISL.REP	IR-1	BUSHEHR 1	PWR	VVER1000 V-44	3000	1000	915	NPPDCO	ASE	1975-5	—	2009-9
JAPAN	JP-64	TOMARI-3	PWR	M (3-loop)	2652	912	866	HEPCO	MHI	2004-11	—	2009-12

During 2009, 5 reactors (3102 MW(e)) are expected to achieve grid connection.

TABLE 12. REACTORS PLANNED FOR CONSTRUCTION AS KNOWN AT 31 DEC. 2008

Country	Reactor Code	Reactor Name	Type	Model	Capacity [MW] Thermal	Capacity [MW] Gross	Capacity [MW] Net	Operator	NSSS Supplier	Expected Construction Start
BRAZIL	BR -3	ANGRA-3	PWR		3765	1350	1275	ELETRONU	KWU	---
CHINA	CN -42	BAMAOSHAN	PWR	CRP-1000	0	1080	900			---
	CN -29	FANGJIASHAN 2	PWR	CRP-1000	0	0	0			---
	CN -31	FUQING 2	PWR	CRP-1000	2905	1087	1000	Fuqing	DFEC	---
	CN -24	HAIYANG 1	PWR	AP1000	0	0	1000	SNPC	WH	---
	CN -25	HAIYANG 2	PWR	AP1000	0	1000	0		WH	---
	CN -26	HONGSHIDING 1	PWR		0		0			---
	CN -27	HONGSHIDING 2	PWR		0		0			---
	CN -22	HONGYANHE 3	PWR	CPR-1000	2905	1080	1000	HONGYANH	DFEC	---
	CN -23	HONGYANHE 4	PWR	CPR-1000	2905	1080	1000	LHNPC	DFEC	---
	CN -38	NINGDE 3	PWR	M310	2905	1080	1000			---
	CN -39	NINGDE 4	PWR	M310	2905	1080	1000			---
	CN -16	SANMEN 1	PWR	AP-1000	3415	1115	1000	SMNPC	WH/MHI	2009-4
	CN -17	SANMEN 2	PWR	AP-1000	0	0	1000	SMNPC	WH/MHI	---
	CN -34	TAISHAN 1	PWR	EPR	0		1000			---
	CN -35	TAISHAN 2	PWR	EPR	0		1700			---
	CN -32	TAOHUAJIANG 1	PWR		0		0			---
	CN -33	TAOHUAJIANG 2	PWR		0		0			---
	CN -40	XIANNING 1	PWR		0		0			---
	CN -41	XIANNING 2	PWR		0		0			---
	CN -19	YANGJIANG 2	PWR	CPR-1000	2905	1087	900	YJNPC	DFEC	---
	CN -43	YANGJIANG 3	PWR	CPR1000	2905	1087	1000	YJNPC	DFEC	---
	CN -44	YANGJIANG 4	PWR	CPR1000	2905	1087	1000	YJNPC	DFEC	---
	CN -45	YANGJIANG 5	PWR	CPR1000	2905	1087	1000	YJNPC	DFEC	---
	CN -46	YANGJIANG 6	PWR	CPR1000	2905	1087	1000	YJNPC	DFEC	---
IRAN, ISL.REP.	IR -2	BUSHEHR 2	PWR	VVER	3000	1000	915	NPPDCO	ASE	2011-1
	IR -5	BUSHEHR 3	PWR	TBD	3000	1000	915	NPPDCO	ASE	2012-1

TABLE 12. REACTORS PLANNED FOR CONSTRUCTION AS KNOWN AT 31 DEC. 2008 — continued

Country	Reactor Code	Reactor Name	Type	Model	Capacity [MW] Thermal	Capacity [MW] Gross	Capacity [MW] Net	Operator	NSSS Supplier	Expected Construction Start
	IR -9	DARKHOVAIN	PWR	IR-360	1113	360	330	NPPDCO		2010-1
JAPAN	JP -70	FUKUSHIMA-DAIICHI-7	BWR	ABWR	3926	1380	1325	TEPCO		---
	JP -71	FUKUSHIMA-DAIICHI-8	BWR	ABWR	3926	1380	1325	TEPCO		---
	JP -69	HIGASHI DORI 1 (TEPCO)	BWR	ABWR	3926	1385	1325	TEPCO		---
	JP -74	HIGASHI DORI 2 (TEPCO)	BWR	ABWR	0	0	1067	TEPCO		---
	JP -72	HIGASHI DORI 2 (TOHOKU)	BWR	ABWR	0	0	1067	TOHOKU		---
	JP -62	KAMINOSEKI 1	BWR	ABWR	0	1373	0	CHUGOKU		---
	JP -63	KAMINOSEKI 2	BWR	ABWR	0	1373	0	CHUGOKU		---
	JP -73	NAMIE-ODAKA	BWR	BWR	0	0	825	TOHOKU		---
	JP -66	OHMA	BWR	ABWR	3926	1383	1325	J-POWER		---
	JP -67	TSURUGA-3	PWR	APWR	4466	1538	0	JAPCO		---
	JP -68	TSURUGA-4	PWR	APWR	4466	1538	0	JAPCO		---
KOREA REP.	KR -26	SHIN-KORI-4	PWR	APR-1400	3938	1400	1340	KHNP	DHICKOPC	2009-10
	KR -27	SHIN-ULCHIN-1	PWR	APR-1400	3938	1400	1340	KHNP	DHICKOPC	2011-5
	KR -28	SHIN-ULCHIN-2	PWR	APR-1400	3983	1400	1340	KHNP	DHICKOPC	2012-5
RUSSIA	RU -166	KURSK 2-1	PWR	VVER-1100	3200	1170	1000	EA	ROSATOM	---
	RU -164	LENINGRAD 2-2	PWR	VVER-1100	3200	1170	1085	EA	ROSATOM	---
	RU -165	LENINGRAD 2-3	PWR	VVER-1100	3200	1170	1085	EA	ROSATOM	---
	RU -162	NOVOVORONEZH 2-2	PWR	VVER-1100	3200	1170	1085	EA	ROSATOM	---
TURKEY	TR -1	AKKUYU	PWR		0	0	0	TEAS		---

Status as of 31 December 2008, 47 reactors (36469 MW(e)) are planned.

TABLE 13. REACTORS UNDER CONSTRUCTION, 31 DEC. 2008

Country	Reactor Code	Reactor Name	Type	Model	Capacity [MW] Thermal	Capacity [MW] Gross	Capacity [MW] Net	Operator	NSSS Supplier	Construction Start	First Criticality	Grid Connection	Commercial Operation
ARGENTINA	AR-3	ATUCHA-2	PHWR		2160	745	692	NASA	SIEMENS	1981-7	—	2010-10	—
BULGARIA	BG-7	BELENE-1	PWR	VVER V-466	3000	1000	953	KOZNPP	ASE	1987-1	—	—	—
	BG-8	BELENE-2	PWR	VVER V-466	3000	1000	953	KOZNPP	ASE	1987-3	—	—	—
CHINA	CN-28	FANGJIASHAN 1	PWR	CPR-1000	2905	1087	1000	QNPC	DFEC	2008-12	—	—	—
	CN-30	FUQING 1	PWR	CPR-1000	2905	1087	1000	Fuqing	DFEC	2008-11	—	—	—
	CN-20	HONGYANHE 1	PWR	CPR-1000	2905	1080	1000	LHNPC	DFEC	2007-8	—	—	—
	CN-21	HONGYANHE 2	PWR	CPR-1000	2905	1080	1000	LHNPC	DFEC	2008-3	—	—	—
	CN-12	LINGAO 3	PWR	M310	2905	1087	1000	LDNPC	DFEC	2005-12	2010-7	2010-8	2010-12
	CN-13	LINGAO 4	PWR	M310	2905	1086	1000	LDNPC	DFEC	2006-6	—	—	—
	CN-36	NINGDE 1	PWR	M310	2905	1087	1000	NDNPC	DFEC	2008-2	—	—	—
	CN-37	NINGDE 2	PWR	M310	2905	1080	1000	NDNPC	DFEC	2008-11	—	—	—
	CN-14	QINSHAN 2-3	PWR	CNP600	1930	650	610	NPQJVC	CNNC	2006-3	2010-11	2010-12	2011-3
	CN-15	QINSHAN 2-4	PWR	CNP 600	1930	650	610	NPQJVC	CNNC	2007-1	2009-12	2011-9	2012-1
	CN-18	YANGJIANG 1	PWR	CPR-1000	2905	1087	1000	YJNPC	DFEC	2008-12	—	—	—
FINLAND	FI-5	OLKILUOTO-3	PWR	EPR	4300	1720	1600	TVO	AREVA	2005-8	—	—	2011-6
FRANCE	FR-74	FLAMANVILLE-3	PWR	EPR	4300	1650	1600	EDF	AREVA	2007-12	2011-12	2012-5	—
INDIA	IN-16	KAIGA-4	PHWR	Horizontal Pre	800	220	202	NPCIL	NPCIL	2002-5	—	—	—
	IN-25	KUDANKULAM-1	PWR	VVER V-412		1000	917	NPCIL	MAEP	2002-3	—	—	—
	IN-26	KUDANKULAM-2	PWR	VVER V-412		1000	917	NPCIL	MAEP	2002-7	2010-3	2010-4	2010-5
	IN-29	PFBR	FBR		1253	500	470	BHAVINI	NPCIL	2004-10	—	—	—
	IN-19	RAJASTHAN-5	PHWR	Horizontal Pre		220	202	NPCIL	NPCIL	2002-9	—	—	—
	IN-20	RAJASTHAN-6	PHWR	Horizontal Pre		220	202	NPCIL	NPCIL	2003-1	—	—	—
IRAN, ISL REP	IR-1	BUSHEHR 1	PWR	VVER1000 V-44	3000	1000	915	NPPDCO	ASE	1975-5	—	—	—

TABLE 13. REACTORS UNDER CONSTRUCTION, 31 DEC. 2008 — continued

Country	Reactor Code	Reactor Name	Type	Model	Capacity [MW] Thermal	Capacity [MW] Gross	Capacity [MW] Net	Operator	NSSS Supplier	Construction Start	First Criticality	Grid Connection	Commercial Operation
JAPAN	JP -65	SHIMANE-3	BWR	ABWR	3926	1373	1325	CHUGOKU	HITACHI	2007-10	—	—	2011-12
	JP -64	TOMARI-3	PWR	M (3-loop)	2652	912	866	HEPCO	MHI	2004-11	—	—	2009-12
KOREA REP.	KR -21	SHIN-KORI-1	PWR	OPR-1000	2825	1000	960	KHNP	DHICKOPC	2006-6	2010-7	2010-8	2010-12
	KR -22	SHIN-KORI-2	PWR	OPR-1000	2825	1000	960	KHNP	DHICKOPC	2007-6	2011-7	2011-8	2011-12
	KR -25	SHIN-KORI-3	PWR	APR-1400	3983	1400	1340	KHNP	DHICKOPC	2008-10	—	—	2013-9
	KR -23	SHIN-WOLSONG-1	PWR	OPR-1000	2825	1000	960	KHNP	DHICKOPC	2007-11	2011-5	2011-5	2011-10
	KR -24	SHIN-WOLSONG-2	PWR	OPR-1000	2825	1000	960	KHNP	DHICKOPC	2008-9	2012-5	2012-5	2012-10
PAKISTAN	PK -3	CHASNUPP 2	PWR	PWR	999	325	300	PAEC	CNNC	2005-12	2011-4	2011-5	2011-8
RUSSIA	RU -116	BELOYARSKY-4 (BN-800)	FBR	BN-800	2100	800	750	EA	ROSATOM	2006-7	—	—	—
	RU -37	KALININ-4	PWR	VVER V-320	3200	1000	950	EA	ROSATOM	1986-8	—	—	—
	RU -120	KURSK-5	LWGR	RBMK-1000		1000	925	EA	ROSATOM	1985-12	—	—	—
	RU -163	LENINGRAD 2-1	PWR	VVER-AES-2006	3200	1170	1085	EA	ROSATOM	2008-10	—	—	—
	RU -161	NOVOVORONEZH 2-1	PWR	VVER-1100	3200	1170	1085	EA	ROSATOM	2008-6	—	—	2012-12
	RU -151	SEVERODVINSK 1	PWR	KLT-40S 'Float	150	35	32	EA	ROSATOM	2007-4	—	—	2010-12
	RU -152	SEVERODVINSK 2	PWR	KLT-40S 'Float	150	35	32	EA	ROSATOM	2007-4	—	—	2010-12
	RU -62	VOLGODONSK-2	PWR	VVER V-320I	3200	1000	950	EA	ROSATOM	1983-5	—	—	—
UKRAINE	UA -51	KHMELNITSKI-3	PWR	VVER V-392B	3200	1000	950	NNEGC	ASE	1986-3	—	2015-1	—
	UA -52	KHMELNITSKI-4	PWR	VVER	3200	1000	950	NNEGC	ASE	1987-2	—	2016-1	—
USA	US -391	WATTS BAR-2	PWR	W (4-loop) IIC	3425	1218	1165	TVA	WH	1972-12	—	2012-8	—

Status as of 31 December 2008, 44 reactors (38988 MW(e)) are planned, including 2 units (2600 MW(e)) from Taiwan, China.

| TWN, CHINA | TW -7 | LUNGMEN 1 | BWR | ABWR | 3926 | 1350 | 1300 | TPC | GE | 1999-3 | — | — | — |
| | TW -8 | LUNGMEN 2 | BWR | ABWR | 3926 | 1350 | 1300 | TPC | GE | 1999-8 | 2009-12 | 2010-1 | 2010-7 |

TABLE 14. REACTORS IN OPERATION, 31 DEC. 2008

Country	Reactor Code	Reactor Name	Type	Model	Thermal	Gross	Net	Operator	NSSS Supplier	Construction Start	Grid Connection	Commercial Operation	EAF % 1998 to 2008	UCF % 1998 to 2008	Non-electrical Applics
ARGENTINA	AR-1	ATUCHA-1	PHWR	PHWR KWU	1179	357	335	NASA	SIEMENS	1968-6	1974-3	1974-6	71.7	73.0	-
	AR-2	EMBALSE	PHWR	CANDU 6	2015	648	600	NASA	AECL	1974-4	1983-4	1984-1	86.8	87.2	-
ARMENIA	AM-19	ARMENIA-2	PWR	VVER V-270	1375	408	376	ANPPJSC	FAEA	1975-7	1980-1	1980-5	64.4	66.4	-
BELGIUM	BE-2	DOEL-1	PWR		1192	412	392	ELECTRAB	ACECOWEN	1969-7	1974-8	1975-2	85.2	86.1	-
	BE-4	DOEL-2	PWR		1311	454	433	ELECTRAB	ACECOWEN	1971-9	1975-8	1975-12	81.4	82.3	-
	BE-5	DOEL-3	PWR		2775	1056	1006	ELECTRAB	FRAMACEC	1975-1	1982-6	1982-10	85.9	87.3	-
	BE-7	DOEL-4	PWR		2988	1041	1008	ELECTRAB	ACECOWEN	1978-12	1985-4	1985-7	84.1	84.9	-
	BE-3	TIHANGE-1	PWR	Framatome 3 lo	2873	1009	962	ELECTRAB	ACLF	1970-6	1975-3	1975-10	83.5	86.0	-
	BE-6	TIHANGE-2	PWR	WE 3-loops	3064	1055	1008	ELECTRAB	FRAMACEC	1976-4	1982-10	1983-6	87.4	88.6	-
	BE-8	TIHANGE-3	PWR	WE 3-loops	3000	1065	1015	ELECTRAB	ACECOWEN	1978-11	1985-6	1985-9	87.8	89.5	-
BRAZIL	BR-1	ANGRA-1	PWR	2-loop PWR	1484	520	491	ELETRONU	WH	1971-5	1982-4	1985-1	53.2	60.5	-
	BR-2	ANGRA-2	PWR	PRE KONVOI	3764	1350	1275	ELETRONU	KWU	1976-1	2000-7	2001-2	82.5	84.6	-
BULGARIA	BG-5	KOZLODUY-5	PWR	VVER V-320	3000	1000	953	KOZNPP	AEE	1980-7	1987-11	1988-12	63.6	66.8	DH
	BG-6	KOZLODUY-6	PWR	VVER V-320	3000	1000	953	KOZNPP	AEE	1982-4	1991-8	1993-12	71.4	74.1	DH
CANADA	CA-10	BRUCE-3	PHWR	CANDU 750A	2832	805	734	BRUCEPOW	NEI,P	1972-9	1977-12	1978-2	72.9	73.7	-
	CA-11	BRUCE-4	PHWR	CANDU 750A	2832	805	734	BRUCEPOW	NEI,P	1972-9	1978-12	1979-1	71.0	71.9	-
	CA-18	BRUCE-5	PHWR	CANDU 750B	2832	872	817	BRUCEPOW	OH/AECL	1978-6	1984-12	1985-3	83.4	84.1	-
	CA-19	BRUCE-6	PHWR	CANDU 750B	2690	891	817	BRUCEPOW	OH/AECL	1978-1	1984-6	1984-9	80.5	81.3	-
	CA-20	BRUCE-7	PHWR	CANDU 750B	2832	872	817	BRUCEPOW	OH/AECL	1979-5	1986-2	1986-4	83.8	84.7	-
	CA-21	BRUCE-8	PHWR	CANDU 750B	2690	845	782	BRUCEPOW	OH/AECL	1979-8	1987-3	1987-5	82.3	83.6	-
	CA-22	DARLINGTON-1	PHWR	CANDU 850	2776	934	878	OPG	OH/AECL	1982-4	1990-12	1992-11	83.5	84.5	-
	CA-23	DARLINGTON-2	PHWR	CANDU 850	2776	934	878	OPG	OH/AECL	1981-9	1990-1	1990-10	76.6	77.6	-
	CA-24	DARLINGTON-3	PHWR	CANDU 850	2776	934	878	OPG	OH/AECL	1984-9	1992-12	1993-2	85.7	86.6	-
	CA-25	DARLINGTON-4	PHWR	CANDU 850	2776	934	878	OPG	OH/AECL	1985-7	1993-4	1993-6	85.6	86.3	-

The column Non-Electrical Applications indicates the use of the facility to provide: DH district heating.

30

TABLE 14. REACTORS IN OPERATION, 31 DEC. 2008 — continued

Country	Reactor Code	Reactor Name	Type	Model	Capacity Thermal	Capacity Gross	Capacity Net	Operator	NSSS Supplier	Construction Start	Grid Connection	Commercial Operation	EAF % 1998 to 2008	UCF % 1998 to 2008	Non-electrical Applics
	CA -12	GENTILLY-2	PHWR	CANDU 6	2156	675	635	HQ	BBC	1974-4	1982-12	1983-10	81.5	83.4	-
	CA -4	PICKERING-1	PHWR	CANDU 500A	1744	542	515	OPG	OH/AECL	1966-6	1971-4	1971-7	65.4	65.6	-
	CA -7	PICKERING-4	PHWR	CANDU 500A	1744	542	515	OPG	OH/AECL	1968-5	1973-5	1973-6	66.5	66.8	-
	CA -13	PICKERING-5	PHWR	CANDU 500B	1744	540	516	OPG	OH/AECL	1974-11	1982-12	1983-5	73.4	74.0	-
	CA -14	PICKERING-6	PHWR	CANDU 500B	1744	540	516	OPG	OH/AECL	1975-10	1983-11	1984-2	77.2	77.8	-
	CA -15	PICKERING-7	PHWR	CANDU 500B	1744	540	516	OPG	OH/AECL	1976-3	1984-11	1985-1	76.9	77.6	-
	CA -16	PICKERING-8	PHWR	CANDU 500B	1744	540	516	OPG	OH/AECL	1976-9	1986-1	1986-2	75.6	76.3	-
	CA -17	POINT LEPREAU	PHWR	CANDU 6	2180	680	635	NBEPC	AECL	1975-5	1982-9	1983-2	80.4	81.5	-
CHINA	CN -2	GUANGDONG-1	PWR	M310	2905	984	944	GNPJVC	GEC	1987-8	1993-8	1994-2	82.5	86.7	-
	CN -3	GUANGDONG-2	PWR	M310	2905	984	944	GNPJVC	GEC	1988-4	1994-2	1994-5	81.8	83.8	-
	CN -6	LINGAO 1	PWR	M310	2895	990	938	LANPC	FRAM	1997-5	2002-2	2002-5	87.1	87.6	-
	CN -7	LINGAO 2	PWR	M310	2895	990	938	LANPC	FRAM	1997-11	2002-12	2003-1	87.5	87.7	-
	CN -1	QINSHAN 1	PWR	CNP-300	966	310	288	QNPC	CNNC	1985-3	1991-12	1994-4	77.1	78.9	-
	CN -4	QINSHAN 2-1	PWR	CNP600	1930	650	610	NPQJVC	CNNC	1996-6	2002-2	2002-4	76.5	76.5	-
	CN -5	QINSHAN 2-2	PWR	CNP600	1930	650	610	NPQJVC	CNNC	1997-4	2004-3	2004-5	87.4	87.5	-
	CN -8	QINSHAN 3-1	PHWR	CANDU 6	2064	700	650	TQNPC	AECL	1998-6	2002-11	2002-12	86.4	86.9	-
	CN -9	QINSHAN 3-2	PHWR	CANDU 6	2064	700	650	TQNPC	AECL	1998-9	2003-6	2003-7	88.8	88.9	-
	CN -10	TIANWAN 1	PWR	VVER V-428	3000	1000	933	JNPC	IZ	1999-10	2006-5	2007-5	75.2	75.2	-
	CN -11	TIANWAN 2	PWR	VVER V-428	3000	1000	933	JNPC	IZ	2000-10	2007-5	2007-8	85.9	85.9	-
CZECH REP.	CZ -4	DUKOVANY-1	PWR	VVER V-213	1375	456	427	CEZ	SKODA	1979-1	1985-2	1985-5	82.7	83.6	-
	CZ -5	DUKOVANY-2	PWR	VVER V-213	1375	456	427	CEZ	SKODA	1979-1	1986-1	1986-3	83.1	84.0	-
	CZ -8	DUKOVANY-3	PWR	VVER V-213	1375	456	427	CEZ	SKODA	1979-3	1986-11	1986-12	82.9	84.6	-
	CZ -9	DUKOVANY-4	PWR	VVER V-213	1375	456	427	CEZ	SKODA	1979-3	1987-6	1987-7	83.7	84.7	-
	CZ -23	TEMELIN-1	PWR	VVER V-320	3000	1013	963	CEZ	SKODA	1987-2	2000-12	2002-6	65.4	65.5	DH
	CZ -24	TEMELIN-2	PWR	VVER V-320	3000	1013	963	CEZ	SKODA	1987-2	2002-12	2003-4	75.1	75.3	DH
FINLAND	FI-1	LOVIISA-1	PWR	VVER V-213	1500	510	488	FORTUMPH	AEE	1971-5	1977-2	1977-5	86.7	87.1	-
	FI-2	LOVIISA-2	PWR	VVER V-213	1500	510	488	FORTUMPH	AEE	1972-8	1980-11	1981-1	88.7	89.4	-

The column Non-Electrical Applications indicates the use of the facility to provide: DH district heating.

TABLE 14. REACTORS IN OPERATION, 31 DEC. 2008 — continued

Country	Reactor Code	Reactor Name	Type	Model	Capacity [MW] Thermal	Capacity [MW] Gross	Capacity [MW] Net	Operator	NSSS Supplier	Construction Start	Grid Connection	Commercial Operation	EAF % 1998 to 2008	UCF % 1998 to 2008	Non-electrical Applics
	FI -3	OLKILUOTO-1	BWR	BWR 2500	2500	890	860	TVO	ASEASTAL	1974-2	1978-9	1979-10	92.4	92.7	-
	FI -4	OLKILUOTO-2	BWR	BWR 2500	2500	890	860	TVO	ASEASTAL	1975-8	1980-2	1982-7	93.8	94.3	-
FRANCE	FR -54	BELLEVILLE-1	PWR	P4 REP 1300	3817	1363	1310	EDF	FRAM	1980-5	1987-10	1988-6	75.2	76.5	-
	FR -55	BELLEVILLE-2	PWR	P4 REP 1300	3817	1363	1310	EDF	FRAM	1980-8	1988-7	1989-1	78.3	79.9	-
	FR -32	BLAYAIS-1	PWR	CP1	2785	951	910	EDF	FRAM	1977-1	1981-6	1981-12	77.1	79.5	-
	FR -33	BLAYAIS-2	PWR	CP1	2785	951	910	EDF	FRAM	1977-1	1982-7	1983-2	80.5	82.5	-
	FR -34	BLAYAIS-3	PWR	CP1	2785	951	910	EDF	FRAM	1978-4	1983-8	1983-11	80.6	82.6	-
	FR -35	BLAYAIS-4	PWR	CP1	2785	951	910	EDF	FRAM	1978-4	1983-5	1983-10	80.1	82.3	-
	FR -13	BUGEY-2	PWR	CP0	2785	945	910	EDF	FRAM	1972-11	1978-5	1979-3	73.4	74.2	-
	FR -14	BUGEY-3	PWR	CP0	2785	945	910	EDF	FRAM	1973-9	1978-9	1979-3	72.9	75.4	-
	FR -15	BUGEY-4	PWR	CP0	2785	917	880	EDF	FRAM	1974-6	1979-3	1979-7	72.9	75.1	-
	FR -16	BUGEY-5	PWR	CP0	2785	917	880	EDF	FRAM	1974-7	1979-7	1980-1	75.6	77.9	-
	FR -50	CATTENOM-1	PWR	P4 REP 1300	3817	1362	1300	EDF	FRAM	1979-10	1986-11	1987-4	72.9	74.2	-
	FR -53	CATTENOM-2	PWR	P4 REP 1300	3817	1362	1300	EDF	FRAM	1980-7	1987-9	1988-2	77.8	79.8	-
	FR -60	CATTENOM-3	PWR	P4 REP 1300	3817	1362	1300	EDF	FRAM	1982-6	1990-7	1991-2	80.6	82.7	-
	FR -65	CATTENOM-4	PWR	P4 REP 1300	3817	1362	1300	EDF	FRAM	1983-9	1991-5	1992-1	83.8	85.5	-
	FR -40	CHINON-B-1	PWR	CP2	2785	954	905	EDF	FRAM	1977-3	1982-11	1984-2	78.6	79.8	-
	FR -41	CHINON-B-2	PWR	CP2	2785	954	905	EDF	FRAM	1977-3	1983-11	1984-8	78.2	79.4	-
	FR -56	CHINON-B-3	PWR	CP2	2785	954	905	EDF	FRAM	1980-10	1986-10	1987-3	79.3	81.1	-
	FR -57	CHINON-B-4	PWR	CP2	2785	954	905	EDF	FRAM	1981-2	1987-11	1988-4	80.4	82.0	-
	FR -62	CHOOZ-B-1	PWR	N4 REP 1450	4270	1560	1500	EDF	FRAM	1984-1	1996-8	2000-5	81.7	83.8	-
	FR -70	CHOOZ-B-2	PWR	N4 REP 1450	4270	1560	1500	EDF	FRAM	1985-12	1997-4	2000-9	82.3	85.2	-
	FR -72	CIVAUX-1	PWR	N4 REP 1450	4270	1561	1495	EDF	FRAM	1988-10	1997-12	2002-1	78.6	79.9	-
	FR -73	CIVAUX-2	PWR	N4 REP 1450	4270	1561	1495	EDF	FRAM	1991-4	1999-12	2002-4	83.0	84.6	-
	FR -42	CRUAS-1	PWR	CP2	2785	956	915	EDF	FRAM	1978-8	1983-4	1984-4	79.3	81.0	-
	FR -43	CRUAS-2	PWR	CP2	2785	956	915	EDF	FRAM	1978-11	1984-9	1985-4	78.5	80.7	-
	FR -44	CRUAS-3	PWR	CP2	2785	956	915	EDF	FRAM	1979-4	1984-5	1984-9	79.5	82.0	-
	FR -45	CRUAS-4	PWR	CP2	2785	956	915	EDF	FRAM	1979-10	1984-10	1985-2	78.0	80.1	-
	FR -22	DAMPIERRE-1	PWR	CP1	2785	937	890	EDF	FRAM	1975-2	1980-3	1980-9	76.4	77.4	-

TABLE 14. REACTORS IN OPERATION, 31 DEC. 2008 — continued

Country	Reactor		Type	Model	Capacity [MW]			Operator	NSSS Supplier	Construction Start	Grid Connection	Commercial Operation	EAF % 1998 to 2008	UCF % 1998 to 2008	Non-electrical Applics
	Code	Name			Thermal	Gross	Net								
	FR-29	DAMPIERRE-2	PWR	CP1	2785	937	890	EDF	FRAM	1975-4	1980-12	1981-2	77.0	78.7	-
	FR-30	DAMPIERRE-3	PWR	CP1	2785	937	890	EDF	FRAM	1975-9	1981-1	1981-5	77.7	79.3	-
	FR-31	DAMPIERRE-4	PWR	CP1	2785	937	890	EDF	FRAM	1975-12	1981-8	1981-11	76.3	78.1	-
	FR-11	FESSENHEIM-1	PWR	CP0	2660	920	880	EDF	FRAM	1971-9	1977-4	1978-1	70.7	72.0	-
	FR-12	FESSENHEIM-2	PWR	CP0	2660	920	880	EDF	FRAM	1972-2	1977-10	1978-4	74.5	75.4	-
	FR-46	FLAMANVILLE-1	PWR	P4 REP 1300	3817	1382	1330	EDF	FRAM	1979-12	1985-12	1986-12	73.5	76.0	-
	FR-47	FLAMANVILLE-2	PWR	P4 REP 1300	3817	1382	1330	EDF	FRAM	1980-5	1986-7	1987-3	76.2	77.4	-
	FR-61	GOLFECH-1	PWR	P4 REP 1300	3817	1363	1310	EDF	FRAM	1982-11	1990-6	1991-2	82.4	85.2	-
	FR-68	GOLFECH-2	PWR	P4 REP 1300	3817	1363	1310	EDF	FRAM	1984-10	1993-6	1994-3	83.4	85.2	-
	FR-20	GRAVELINES-1	PWR	CP1	2785	951	910	EDF	FRAM	1975-2	1980-3	1980-11	76.4	78.1	-
	FR-21	GRAVELINES-2	PWR	CP1	2785	951	910	EDF	FRAM	1975-3	1980-8	1980-12	79.3	80.7	-
	FR-27	GRAVELINES-3	PWR	CP1	2785	951	910	EDF	FRAM	1975-3	1980-12	1981-6	79.4	80.8	-
	FR-28	GRAVELINES-4	PWR	CP1	2785	951	910	EDF	FRAM	1976-4	1981-6	1981-10	79.0	80.5	-
	FR-51	GRAVELINES-5	PWR	CP1	2785	951	910	EDF	FRAM	1979-10	1984-8	1985-1	80.5	82.2	-
	FR-52	GRAVELINES-6	PWR	CP1	2785	951	910	EDF	FRAM	1979-10	1985-8	1985-10	79.9	81.3	-
	FR-58	NOGENT-1	PWR	P4 REP 1300	3817	1363	1310	EDF	FRAM	1981-5	1987-10	1988-2	76.8	78.4	-
	FR-59	NOGENT-2	PWR	P4 REP 1300	3817	1363	1310	EDF	FRAM	1982-1	1988-12	1989-5	80.8	82.9	-
	FR-36	PALUEL-1	PWR	P4 REP 1300	3817	1382	1330	EDF	FRAM	1977-8	1984-6	1985-12	76.4	78.1	-
	FR-37	PALUEL-2	PWR	P4 REP 1300	3817	1382	1330	EDF	FRAM	1978-1	1984-9	1985-12	73.7	75.8	-
	FR-38	PALUEL-3	PWR	P4 REP 1300	3817	1382	1330	EDF	FRAM	1979-2	1985-9	1986-2	74.2	75.8	-
	FR-39	PALUEL-4	PWR	P4 REP 1300	3817	1382	1330	EDF	FRAM	1980-2	1986-4	1986-6	75.9	77.7	-
	FR-63	PENLY-1	PWR	P4 REP 1300	3817	1382	1330	EDF	FRAM	1982-9	1990-5	1990-12	81.9	83.4	-
	FR-64	PENLY-2	PWR	P4 REP 1300	3817	1382	1330	EDF	FRAM	1984-8	1992-2	1992-11	82.8	84.0	-
	FR-10	PHENIX	FBR	PH-250	350	140	130	CEA/EDF	CNCLNEY	1968-11	1973-12	1974-7	47.6	47.9	-
	FR-48	ST. ALBAN-1	PWR	P4 REP 1300	3817	1381	1335	EDF	FRAM	1979-1	1985-8	1986-5	73.8	75.8	-
	FR-49	ST. ALBAN-2	PWR	P4 REP 1300	3817	1381	1335	EDF	FRAM	1979-7	1986-7	1987-3	73.7	76.2	-
	FR-17	ST. LAURENT-B-1	PWR	CP2	2785	956	915	EDF	FRAM	1976-5	1981-1	1983-8	76.3	77.9	-
	FR-23	ST. LAURENT-B-2	PWR	CP2	2785	956	915	EDF	FRAM	1976-7	1981-6	1983-8	76.7	78.5	-
	FR-18	TRICASTIN-1	PWR	CP1	2785	955	915	EDF	FRAM	1974-11	1980-5	1980-12	77.3	80.1	-
	FR-19	TRICASTIN-2	PWR	CP1	2785	955	915	EDF	FRAM	1974-12	1980-8	1980-12	76.5	79.0	-

TABLE 14. REACTORS IN OPERATION, 31 DEC. 2008 — continued

Country	Reactor Code	Reactor Name	Type	Model	Capacity [MW] Thermal	Capacity [MW] Gross	Capacity [MW] Net	Operator	NSSS Supplier	Construction Start	Grid Connection	Commercial Operation	EAF % 1998 to 2008	UCF % 1998 to 2008	Non-electrical Applics
	FR -25	TRICASTIN-3	PWR	CP1	2785	955	915	EDF	FRAM	1975-4	1981-2	1981-5	79.0	81.3	-
	FR -26	TRICASTIN-4	PWR	CP1	2785	955	915	EDF	FRAM	1975-5	1981-6	1981-11	79.2	81.9	-
GERMANY	DE -12	BIBLIS-A (KWB A)	PWR	PWR	3517	1225	1167	RWE	KWU	1970-1	1974-8	1975-2	69.5	70.0	:
	DE -18	BIBLIS-B (KWB B)	PWR	PWR	3733	1300	1240	RWE	KWU	1972-2	1976-4	1977-1	74.0	74.4	:
	DE -32	BROKDORF (KBR)	PWR	PWR	3900	1480	1410	E.ON	KWU	1976-1	1986-10	1986-12	90.3	90.6	:
	DE -13	BRUNSBUETTEL (KKB)	BWR	BWR '69	2292	806	771	KKB	KWU	1970-4	1976-7	1977-2	59.0	60.0	:
	DE -33	EMSLAND (KKE)	PWR	Konvoi	3850	1400	1329	KLE	KWU	1982-8	1988-4	1988-6	93.4	93.4	:
	DE -23	GRAFENRHEINFELD (KKG)	PWR	PWR	3765	1345	1275	E.ON	KWU	1975-1	1981-12	1982-6	88.1	88.1	:
	DE -27	GROHNDE (KWG)	PWR	PWR	3900	1430	1360	KWG	KWU	1976-6	1984-9	1985-2	92.4	92.5	:
	DE -26	GUNDREMMINGEN-B (GUN-B)	BWR	BWR 72	3840	1344	1284	KGG	KWU	1976-7	1984-3	1984-7	88.3	88.6	:
	DE -28	GUNDREMMINGEN-C (GUN-C)	BWR	BWR 72	3840	1344	1288	KGG	KWU	1976-7	1984-11	1985-1	86.8	87.1	:
	DE -16	ISAR-1 (KKI 1)	BWR	BWR '69	2575	912	878	E.ON	KWU	1972-5	1977-12	1979-3	82.8	63.2	:
	DE -31	ISAR-2 (KKI 2)	PWR	Konvoi	3950	1475	1400	E.ON	KWU	1982-9	1988-1	1988-4	91.8	92.1	:
	DE -20	KRUEMMEL (KKK)	BWR	BWR 69	3690	1402	1346	KKK	KWU	1974-4	1983-9	1984-3	75.3	75.7	:
	DE -15	NECKARWESTHEIM-1 (GKN 1)	PWR	PWR	2497	840	785	EnKK	KWU	1972-2	1976-6	1976-12	82.9	83.0	:
	DE -44	NECKARWESTHEIM-2 (GKN 2)	PWR	Konvoi	3850	1400	1310	EnKK	KWU	1982-11	1989-1	1989-4	93.4	93.5	:
	DE -14	PHILIPPSBURG-1 (KKP 1)	BWR	BWR '69	2575	926	890	EnKK	KWU	1970-10	1979-5	1980-3	79.5	79.7	:
	DE -24	PHILIPPSBURG-2 (KKP 2)	PWR	PWR	3950	1458	1392	EnKK	KWU	1977-7	1984-12	1985-4	89.2	90.4	:
	DE -17	UNTERWESER (KKU)	PWR	PWR	3900	1410	1345	E.ON	KWU	1972-7	1978-9	1979-9	82.0	82.6	:
HUNGARY	HU -1	PAKS-1	PWR	VVER V-213	1485	500	470	PAKS Zrt	AEE	1974-8	1982-12	1983-8	85.6	85.6	DH
	HU -2	PAKS-2	PWR	VVER V-213	1485	500	473	PAKS Zrt	AEE	1974-8	1984-9	1984-11	78.9	78.9	DH
	HU -3	PAKS-3	PWR	VVER V-213	1375	470	443	PAKS Zrt	AEE	1979-10	1986-9	1986-12	86.5	86.9	DH
	HU -4	PAKS-4	PWR	VVER V-213	1485	500	473	PAKS Zrt	AEE	1979-10	1987-8	1987-11	87.6	87.8	DH
INDIA	IN -13	KAIGA-1	PHWR	Horizontal Pre	801	220	202	NPCIL	NPCIL	1989-9	2000-10	2000-11	72.2	90.5	:
	IN -14	KAIGA-2	PHWR	Horizontal Pre	801	220	202	NPCIL	NPCIL	1989-12	1999-12	2000-3	72.6	89.3	:
	IN -15	KAIGA-3	PHWR	Horizontal Pre	800	220	202	NPCIL	NPCIL	2002-3	2007-4	2007-5	23.1	51.1	:
	IN -9	KAKRAPAR-1	PHWR	Horizontal Pre	801	220	202	NPCIL	NPCIL	1984-12	1992-11	1993-5	67.4	76.4	:

The column Non-Electrical Applications indicates the use of the facility to provide: DH district heating.

TABLE 14. REACTORS IN OPERATION, 31 DEC. 2008 — continued

Country	Reactor Code	Reactor Name	Type	Model	Capacity [MW] Thermal	Capacity [MW] Gross	Capacity [MW] Net	Operator	NSSS Supplier	Construction Start	Grid Connection	Commercial Operation	EAF % 1998 to 2008	UCF % 1998 to 2008	Non-electrical Applics
	IN -10	KAKRAPAR-2	PHWR	Horizontal Pre	801	220	202	NPCIL	NPCIL	1985-4	1995-3	1995-9	78.0	88.4	-
	IN -5	MADRAS-1	PHWR	Horizontal Pre	801	220	205	NPCIL	NPCIL	1971-1	1983-7	1984-1	53.7	59.2	DS
	IN -6	MADRAS-2	PHWR	Horizontal Pre	801	220	202	NPCIL	NPCIL	1972-10	1985-9	1986-3	59.2	66.3	DS
	IN -7	NARORA-1	PHWR	Horizontal Pre	801	220	202	NPCIL	NPCIL	1976-12	1989-7	1991-1	55.0	61.8	-
	IN -8	NARORA-2	PHWR	Horizontal Pre	801	220	202	NPCIL	NPCIL	1977-11	1992-1	1992-7	63.0	71.2	-
	IN -3	RAJASTHAN-1	PHWR	Horizontal Pre	693	100	90	NPCIL	AECL	1965-8	1972-11	1973-12	24.2	25.2	PH
	IN -4	RAJASTHAN-2	PHWR	Horizontal Pre	693	200	187	NPCIL	AECL/DAE	1968-4	1980-11	1981-4	54.4	57.8	PH
	IN -11	RAJASTHAN-3	PHWR	Horizontal Pre	801	220	202	NPCIL	NPCIL	1990-2	2000-3	2000-6	73.0	88.4	PH
	IN -12	RAJASTHAN-4	PHWR	Horizontal Pre	801	220	202	NPCIL	NPCIL	1990-10	2000-11	2000-12	73.7	91.2	PH
	IN -1	TARAPUR-1	BWR	BWR-1, Mark 2	530	160	150	NPCIL	GE	1964-10	1969-4	1969-10	68.7	69.4	-
	IN -2	TARAPUR-2	BWR	BWR-1, Mark 2	530	160	150	NPCIL	GE	1964-10	1969-5	1969-10	67.8	68.5	-
	IN -23	TARAPUR-3	PHWR	Horizontal Pre	1730	540	490	NPCIL	NPCIL	2000-5	2006-6	2006-8	55.7	87.4	-
	IN -24	TARAPUR-4	PHWR	Horizontal Pre	1730	540	490	NPCIL	NPCIL	2000-3	2005-6	2005-9	49.7	79.1	-
JAPAN	JP -5	FUKUSHIMA-DAIICHI-1	BWR	BWR-3	1380	460	439	TEPCO	GE/GETSC	1967-7	1970-11	1971-3	53.6	53.6	-
	JP -9	FUKUSHIMA-DAIICHI-2	BWR	BWR-4	2381	784	760	TEPCO	GE/T	1969-6	1973-12	1974-7	61.0	61.0	-
	JP -10	FUKUSHIMA-DAIICHI-3	BWR	BWR-4	2381	784	760	TEPCO	TOSHIBA	1970-12	1974-10	1976-3	65.7	65.8	-
	JP -16	FUKUSHIMA-DAIICHI-4	BWR	BWR-4	2381	784	760	TEPCO	HITACHI	1973-2	1978-2	1978-10	70.0	70.1	-
	JP -17	FUKUSHIMA-DAIICHI-5	BWR	BWR-4	2381	784	760	TEPCO	TOSHIBA	1972-5	1977-9	1978-4	70.9	70.9	-
	JP -18	FUKUSHIMA-DAIICHI-6	BWR	BWR-5	3293	1100	1067	TEPCO	GE/T	1973-10	1979-5	1979-10	70.8	70.9	-
	JP -25	FUKUSHIMA-DAINI-1	BWR	BWR-5	3293	1100	1067	TEPCO	TOSHIBA	1976-3	1981-7	1982-4	76.1	76.2	-
	JP -26	FUKUSHIMA-DAINI-2	BWR	BWR-5	3293	1100	1067	TEPCO	HITACHI	1979-5	1983-6	1984-2	73.7	73.7	-
	JP -35	FUKUSHIMA-DAINI-3	BWR	BWR-5	3293	1100	1067	TEPCO	TOSHIBA	1981-3	1984-12	1985-6	65.6	65.6	-
	JP -38	FUKUSHIMA-DAINI-4	BWR	BWR-5	3293	1100	1067	TEPCO	HITACHI	1981-5	1986-12	1987-8	72.4	72.4	-
	JP -12	GENKAI-1	PWR	M (2-loop)	1650	559	529	KYUSHU	MHI	1971-9	1975-2	1975-10	73.1	73.1	-
	JP -27	GENKAI-2	PWR	M (2-loop)	1650	559	529	KYUSHU	MHI	1977-2	1980-6	1981-3	80.6	80.6	-
	JP -45	GENKAI-3	PWR	M (4-loop)	3423	1180	1127	KYUSHU	MHI	1988-6	1993-6	1994-3	84.8	84.8	DS
	JP -46	GENKAI-4	PWR	M (4-loop)	3423	1180	1127	KYUSHU	MHI	1992-7	1996-11	1997-7	85.8	85.8	DS
	JP -1	HAMAOKA-1	BWR	BWR4	1593	540	515	CHUBU	TOSHIBA	1971-6	1974-8	1976-3	48.3	48.4	-
	JP -24	HAMAOKA-2	BWR	BWR4	2436	840	806	CHUBU	TOSHIBA	1974-6	1978-5	1978-11	59.7	59.7	-

The column Non-Electrical Applications indicates the use of the facility to provide: DS desalination, PH process heating.

35

TABLE 14. REACTORS IN OPERATION, 31 DEC. 2008 — continued

Country	Reactor Code	Reactor Name	Type	Model	Thermal	Gross	Net	Operator	NSSS Supplier	Construction Start	Grid Connection	Commercial Operation	EAF % 1998 to 2008	UCF % 1998 to 2008	Non-electrical Applics
	JP-36	HAMAOKA-3	BWR	BWR-5	3293	1100	1056	CHUBU	TOSHIBA	1983-4	1987-1	1987-8	78.0	78.1	-
	JP-49	HAMAOKA-4	BWR	BWR-5	3293	1137	1092	CHUBU	TOSHIBA	1989-10	1993-1	1993-9	81.9	82.0	-
	JP-60	HAMAOKA-5	BWR	ABWR	3926	1267	1212	CHUBU	TOSHIBA	2000-7	2004-4	2005-1	64.9	65.0	-
	JP-58	HIGASHI DORI 1 (TOHOKU)	BWR	BWR-5	3293	1100	1067	TOHOKU	TOSHIBA	2000-11	2005-3	2005-12	77.7	77.8	-
	JP-23	IKATA-1	PWR	M (2-loop)	1650	566	538	SHIKOKU	MHI	1973-9	1977-2	1977-9	78.2	78.3	DS
	JP-32	IKATA-2	PWR	M (2-loop)	1650	566	538	SHIKOKU	MHI	1978-8	1981-8	1982-3	82.4	82.5	DS
	JP-47	IKATA-3	PWR	M (3-loop)	2660	890	846	SHIKOKU	MHI	1990-10	1994-3	1994-12	85.3	85.3	DS
	JP-33	KASHIWAZAKI KARIWA-1	BWR	BWR-5	3293	1100	1067	TEPCO	TOSHIBA	1980-6	1985-2	1985-9	68.2	69.5	-
	JP-39	KASHIWAZAKI KARIWA-2	BWR	BWR-5	3293	1100	1067	TEPCO	TOSHIBA	1985-11	1990-2	1990-9	69.0	69.0	-
	JP-52	KASHIWAZAKI KARIWA-3	BWR	BWR-5	3293	1100	1067	TEPCO	TOSHIBA	1989-3	1992-12	1993-8	68.1	69.2	-
	JP-53	KASHIWAZAKI KARIWA-4	BWR	BWR-5	3293	1100	1067	TEPCO	HITACHI	1990-3	1993-12	1994-8	66.8	70.1	-
	JP-40	KASHIWAZAKI KARIWA-5	BWR	BWR-5	3293	1100	1067	TEPCO	HITACHI	1985-6	1989-9	1990-4	71.3	74.1	-
	JP-55	KASHIWAZAKI KARIWA-6	BWR	ABWR	3926	1356	1315	TEPCO	TOSHIBA	1992-11	1996-1	1996-11	72.7	76.1	-
	JP-56	KASHIWAZAKI KARIWA-7	BWR	ABWR	3926	1356	1315	TEPCO	HITACHI	1993-7	1996-12	1997-7	68.9	72.1	-
	JP-4	MIHAMA-1	PWR	W (2-loop)	1031	340	320	KEPCO	WH	1967-2	1970-8	1970-11	51.1	51.3	-
	JP-6	MIHAMA-2	PWR	M (2-loop)	1456	500	470	KEPCO	MHI	1968-5	1972-4	1972-7	61.4	61.4	-
	JP-14	MIHAMA-3	PWR	M (3-loop)	2440	826	780	KEPCO	MHI	1972-8	1976-2	1976-12	69.6	69.6	-
	JP-15	OHI-1	PWR	W (4-loop)	3423	1175	1120	KEPCO	WH	1972-10	1977-12	1979-3	66.6	66.7	-
	JP-19	OHI-2	PWR	W (4-loop)	3423	1175	1120	KEPCO	WH	1972-12	1978-10	1979-10	72.9	73.1	DS
	JP-50	OHI-3	PWR	M (4-loop)	3423	1180	1127	KEPCO	MHI	1987-10	1991-6	1991-12	80.8	80.8	-
	JP-51	OHI-4	PWR	M (4-loop)	3423	1180	1127	KEPCO	MHI	1988-6	1992-6	1993-2	84.5	84.6	DS
	JP-22	ONAGAWA-1	BWR	BWR-5	1593	524	498	TOHOKU	TOSHIBA	1980-7	1983-11	1984-6	66.9	68.8	-
	JP-54	ONAGAWA-2	BWR	BWR-5	2436	825	796	TOHOKU	TOSHIBA	1991-4	1994-12	1995-7	74.9	78.0	-
	JP-57	ONAGAWA-3	BWR	BWR-5	2436	825	796	TOHOKU	TOSHIBA	1998-1	2001-5	2002-1	68.2	70.0	-
	JP-28	SENDAI-1	PWR	M (3-loop)	2660	890	846	KYUSHU	MHI	1979-12	1983-9	1984-7	81.8	81.8	-
	JP-37	SENDAI-2	PWR	M (3-loop)	2660	890	846	KYUSHU	MHI	1981-10	1985-4	1985-11	83.6	83.6	-
	JP-48	SHIKA-1	BWR	BWR 5	1593	540	505	HOKURIKU	HITACHI	1989-7	1993-1	1993-7	70.9	70.9	-
	JP-59	SHIKA-2	BWR	ABWR	3926	1206	1108	HOKURIKU	HITACHI	2001-8	2005-7	2006-3	29.8	29.8	-
	JP-7	SHIMANE-1	BWR	BWR-3	1380	460	439	CHUGOKU	HITACHI	1970-7	1973-12	1974-3	73.2	73.2	-
	JP-41	SHIMANE-2	BWR	BWR-5	2436	820	789	CHUGOKU	HITACHI	1985-2	1988-7	1989-2	82.0	82.0	-

The column Non-Electrical Applications indicates the use of the facility to provide: DS desalination.

TABLE 14. REACTORS IN OPERATION, 31 DEC. 2008 — continued

Country	Reactor Code	Reactor Name	Type	Model	Capacity [MW] Thermal	Capacity [MW] Gross	Capacity [MW] Net	Operator	NSSS Supplier	Construction Start	Grid Connection	Commercial Operation	EAF % 1998 to 2008	UCF % 1998 to 2008	Non-electrical Applics
	JP-8	TAKAHAMA-1	PWR	M (3-loop)	2440	826	780	KEPCO	WH/MHI	1970-4	1974-3	1974-11	68.1	68.2	
	JP-13	TAKAHAMA-2	PWR	M (3-loop)	2440	826	780	KEPCO	MHI	1971-3	1975-1	1975-11	67.5	67.6	
	JP-29	TAKAHAMA-3	PWR	M (3-loop)	2660	870	830	KEPCO	MHI	1980-12	1984-5	1985-1	81.9	82.0	DS
	JP-30	TAKAHAMA-4	PWR	M (3-loop)	2660	870	830	KEPCO	MHI	1981-3	1984-11	1985-6	83.4	83.4	DS
	JP-21	TOKAI-2	BWR	BWR-5	3293	1100	1060	JAPCO	GE	1973-10	1978-3	1978-11	73.7	73.8	-
	JP-43	TOMARI-1	PWR	M (2-loop)	1650	579	550	HEPCO	MHI	1985-4	1988-12	1989-6	84.1	84.1	-
	JP-44	TOMARI-2	PWR	M (2-loop)	1650	579	550	HEPCO	MHI	1985-6	1990-8	1991-4	83.2	83.2	-
	JP-3	TSURUGA-1	BWR	BWR-2	1070	357	340	JAPCO	GE	1966-11	1969-11	1970-3	68.2	68.4	-
	JP-34	TSURUGA-2	PWR	M (4-loop)	3411	1160	1110	JAPCO	MHI	1982-11	1986-6	1987-2	77.6	77.7	-
KOREA REP.	KR-1	KORI-1	PWR	WH F	1729	603	576	KHNP	WH 9651;60	1977-8	1977-6	1978-4	78.2	79.1	
	KR-2	KORI-2	PWR	WH F	1882	675	637	KHNP	WH	1977-12	1983-4	1983-7	86.0	86.1	
	KR-5	KORI-3	PWR	WH F	2785	1004	979	KHNP	WH	1979-10	1985-1	1985-9	85.6	85.7	
	KR-6	KORI-4	PWR	WH F	2785	1006	977	KHNP	WH	1980-4	1985-11	1986-4	87.4	87.5	
	KR-9	ULCHIN-1	PWR	France CPI	2785	985	945	KHNP	FRAM	1983-1	1988-4	1988-9	86.2	86.5	
	KR-10	ULCHIN-2	PWR	France CPI	2775	984	942	KHNP	FRAM	1983-7	1989-4	1989-9	86.8	87.0	
	KR-13	ULCHIN-3	PWR	OPR-1000	2825	1047	994	KHNP	DHICKOPC	1993-7	1998-1	1998-8	90.6	90.8	
	KR-14	ULCHIN-4	PWR	OPR-1000	2825	1045	998	KHNP	DHICKOPC	1993-11	1998-12	1999-12	90.8	90.9	
	KR-19	ULCHIN-5	PWR	OPR-1000	2815	1048	1001	KHNP	DHICKOPC	1999-10	2003-10	2004-7	92.2	92.2	
	KR-20	ULCHIN-6	PWR	OPR-1000	2825	1048	1001	KHNP	DHICKOPC	2000-9	2005-1	2005-4	91.6	91.8	
	KR-3	WOLSONG-1	PHWR	CANDU 6	2061	622	597	KHNP	AECL	1977-10	1982-12	1983-4	84.2	84.6	
	KR-4	WOLSONG-2	PHWR	CANDU 6	2061	730	710	KHNP	AECL/DHI	1992-9	1997-4	1997-7	91.0	91.0	
	KR-15	WOLSONG-3	PHWR	CANDU 6	2061	729	707	KHNP	AECL/DHI	1994-3	1998-3	1998-7	92.4	92.4	
	KR-16	WOLSONG-4	PHWR	CANDU 6	2061	730	708	KHNP	AECL/DHI	1994-7	1999-5	1999-10	93.7	93.7	
	KR-7	YONGGWANG-1	PWR	WH F	2787	985	953	KHNP	WH	1981-6	1986-8	1986-8	87.4	87.4	
	KR-8	YONGGWANG-2	PWR	WH F	2787	978	947	KHNP	WH	1981-12	1986-11	1987-6	85.4	85.5	
	KR-11	YONGGWANG-3	PWR	OPR-1000	2825	1039	997	KHNP	DHICKAEC	1989-12	1994-10	1995-3	89.3	89.3	
	KR-12	YONGGWANG-4	PWR	OPR-1000	2825	1039	994	KHNP	DHICKAEC	1990-5	1995-7	1996-1	89.4	89.4	
	KR-17	YONGGWANG-5	PWR	OPR-1000	2825	1046	988	KHNP	DHICKOPC	1997-6	2001-12	2002-5	85.9	86.0	
	KR-18	YONGGWANG-6	PWR	OPR-1000	2825	1050	996	KHNP	DHICKOPC	1997-11	2002-9	2002-12	87.1	87.3	

The column Non-Electrical Applications indicates the use of the facility to provide: DS desalination.

TABLE 14. REACTORS IN OPERATION, 31 DEC. 2008 — continued

Country	Reactor Code	Reactor Name	Type	Model	Capacity [MW] Thermal	Capacity [MW] Gross	Capacity [MW] Net	Operator	NSSS Supplier	Construction Start	Grid Connection	Commercial Operation	EAF % 1998 to 2008	UCF % 1998 to 2008	Non-electrical Applics
LITHUANIA	LT -47	IGNALINA-2	LWGR	RBMK-1500	4800	1300	1185	INPP	MAEP	1978-1	1987-8	1987-8	64.6	74.2	-
MEXICO	MX -1	LAGUNA VERDE-1	BWR	BWR-5	2027	682	650	CFE	GE	1976-10	1989-4	1990-7	81.2	81.9	-
	MX -2	LAGUNA VERDE-2	BWR	BWR-5	2027	682	650	CFE	GE	1977-6	1994-11	1995-4	84.6	85.3	-
NETHERLANDS	NL -2	BORSSELE	PWR	2 loops PWR	1366	515	482	EPZ	S/KWU	1969-7	1973-7	1973-10	84.5	84.9	-
PAKISTAN	PK -2	CHASNUPP 1	PWR	CNP-300	999	325	300	PAEC	CNNC	1993-8	2000-6	2000-9	69.3	70.1	
	PK -1	KANUPP	PHWR	CANDU-137 MW	433	137	125	PAEC	CGE	1966-8	1971-10	1972-12	29.1	30.2	DS
ROMANIA	RO -1	CERNAVODA-1	PHWR	CANDU 6	2180	706	650	SNN	AECL	1982-7	1996-7	1996-12	87.2	88.4	DH
	RO -2	CERNAVODA-2	PHWR	CANDU 6	2180	706	650	SNN	AECL	1983-7	2007-10	2007-10	96.3	97.8	DH
RUSSIA	RU -96	BALAKOVO-1	PWR	VVER V-320	3000	1000	950	EA	FAEA	1980-12	1985-12	1986-5	66.8	69.5	DH, PH
	RU -97	BALAKOVO-2	PWR	VVER V-320	3000	1000	950	EA	FAEA	1981-8	1987-10	1988-1	65.3	68.9	DH, PH
	RU -98	BALAKOVO-3	PWR	VVER V-320	3000	1000	950	EA	FAEA	1982-11	1988-12	1989-4	70.5	75.1	DH, PH
	RU -99	BALAKOVO-4	PWR	VVER V-320	3200	1000	950	EA	FAEA	1984-4	1993-4	1993-12	74.9	80.6	DH, PH
	RU -21	BELOYARSKY-3 (BN-600)	FBR	BN-600	1470	600	560	EA	FAEA	1969-1	1980-4	1981-11	73.8	74.5	DH, PH
	RU -141	BILIBINO-1	LWGR	EGP-6	62	12	11	EA	FAEA	1970-1	1974-1	1974-4	68.9	80.2	DH
	RU -142	BILIBINO-2	LWGR	EGP-6	62	12	11	EA	FAEA	1970-1	1974-12	1975-2	69.3	81.4	DH
	RU -143	BILIBINO-3	LWGR	EGP-6	62	12	11	EA	FAEA	1970-1	1975-12	1976-2	68.7	81.0	DH
	RU -144	BILIBINO-4	LWGR	EGP-6	62	12	11	EA	FAEA	1970-1	1976-12	1977-1	66.9	78.8	DH
	RU -30	KALININ-1	PWR	VVER V-338	3000	1000	950	EA	FAEA	1977-2	1984-5	1985-6	71.8	72.8	DH, PH
	RU -31	KALININ-2	PWR	VVER V-338	3000	1000	950	EA	FAEA	1982-2	1986-12	1987-3	71.8	74.9	DH, PH
	RU -36	KALININ-3	PWR	VVER V-338	3200	1000	950	EA	FAEA	1985-10	2004-12	2005-11	83.0	83.3	PH
	RU -12	KOLA-1	PWR	VVER V-230	1375	440	411	EA	FAEA	1970-5	1973-6	1973-12	69.8	76.7	DH, PH
	RU -13	KOLA-2	PWR	VVER V-230	1375	440	411	EA	FAEA	1970-5	1974-12	1975-2	70.6	76.7	DH, PH
	RU -32	KOLA-3	PWR	VVER V-213	1375	440	411	EA	FAEA	1977-4	1981-3	1982-12	74.1	82.8	DH, PH
	RU -33	KOLA-4	PWR	VVER V-213	1375	440	411	EA	FAEA	1976-8	1984-10	1984-12	73.2	82.0	DH, PH
	RU -17	KURSK-1	LWGR	RBMK-1000	3200	1000	925	EA	FAEA	1972-6	1976-12	1977-10	59.6	61.7	DH, PH

The column Non-Electrical Applications indicates the use of the facility to provide: DS desalination, DH district heating, PH process heating.

TABLE 14. REACTORS IN OPERATION, 31 DEC. 2008 — continued

Country	Reactor Code	Reactor Name	Type	Model	Capacity [MW] Thermal	Capacity [MW] Gross	Capacity [MW] Net	Operator	NSSS Supplier	Construction Start	Grid Connection	Commercial Operation	EAF % 1998 to 2008	UCF % 1998 to 2008	Non-electrical Applics
	RU -22	KURSK-2	LWGR	RBMK-1000	3200	1000	925	EA	FAEA	1973-1	1979-1	1979-8	62.1	64.7	DH, PH
	RU -38	KURSK-3	LWGR	RBMK-1000	3200	1000	925	EA	FAEA	1978-4	1983-10	1984-3	70.3	71.5	DH, PH
	RU -39	KURSK-4	LWGR	RBMK-1000	3200	1000	925	EA	FAEA	1981-5	1985-10	1986-2	75.7	77.0	DH, PH
	RU -15	LENINGRAD-1	LWGR	RBMK-1000	3200	1000	925	EA	FAEA	1970-3	1973-12	1974-11	69.5	70.2	DH, PH
	RU -16	LENINGRAD-2	LWGR	RBMK-1000	3200	1000	925	EA	FAEA	1970-6	1975-7	1976-2	69.7	70.6	DH, PH
	RU -34	LENINGRAD-3	LWGR	RBMK-1000	3200	1000	925	EA	FAEA	1973-12	1979-12	1980-6	69.3	70.5	DH, PH
	RU -35	LENINGRAD-4	LWGR	RBMK-1000	3200	1000	925	EA	FAEA	1975-2	1981-2	1981-8	72.5	73.8	DH, PH
	RU -9	NOVOVORONEZH-3	PWR	VVER V-179	1375	417	385	EA	FAEA	1967-7	1971-12	1972-6	70.9	71.7	DH, PH
	RU -11	NOVOVORONEZH-4	PWR	VVER V-179	1375	417	385	EA	FAEA	1967-7	1972-12	1973-3	77.5	78.9	DH, PH
	RU -20	NOVOVORONEZH-5	PWR	VVER V-187	3000	1000	950	EA	FAEA	1974-3	1980-5	1981-2	62.9	63.8	DH, PH
	RU -23	SMOLENSK-1	LWGR	RBMK-1000	3200	1000	925	EA	FAEA	1975-10	1982-12	1983-9	72.0	74.5	DH, PH
	RU -24	SMOLENSK-2	LWGR	RBMK-1000	3200	1000	925	EA	FAEA	1976-6	1985-5	1985-7	73.2	75.9	DH, PH
	RU -67	SMOLENSK-3	LWGR	RBMK-1000	3200	1000	925	EA	FAEA	1984-5	1990-1	1990-10	78.2	80.8	DH, PH
	RU -59	VOLGODONSK-1	PWR	VVER V-320I	3200	1000	950	EA	FAEA	1981-9	2001-3	2001-12	85.2	85.9	-
SLOVAKIA	SK -13	BOHUNICE-3	PWR	VVER V-213	1430	462	429	SE, plc	SKODA	1976-12	1984-8	1985-2	77.5	80.8	DH, PH
	SK -14	BOHUNICE-4	PWR	VVER V-213	1375	442	410	SE, plc	SKODA	1976-12	1985-8	1985-12	79.0	82.2	DH, PH
	SK -6	MOCHOVCE-1	PWR	VVER V-213	1471	470	436	SE, plc	SKODA	1983-10	1998-7	1998-10	82.0	84.8	-
	SK -7	MOCHOVCE-2	PWR	VVER V-213	1471	470	436	SE, plc	SKODA	1983-10	1999-12	2000-4	82.9	84.8	-
SLOVENIA	SI -1	KRSKO	PWR	Westinghouse 2	1994	730	666	NEK	WH	1975-3	1981-10	1983-1	83.5	84.9	-
SOUTH AFRICA	ZA -1	KOEBERG-1	PWR	CP1	2785	944	900	ESKOM	FRAM	1976-7	1984-4	1984-7	71.3	76.1	-
	ZA -2	KOEBERG-2	PWR	CP1	2785	944	900	ESKOM	FRAM	1976-7	1985-7	1985-11	69.7	76.9	-
SPAIN	ES -6	ALMARAZ-1	PWR	WE 3-loops	2729	977	944	CNAT	WH	1973-7	1981-5	1983-9	85.4	86.4	-
	ES -7	ALMARAZ-2	PWR	WE 3-loops	2729	980	956	CNAT	WH	1973-7	1983-10	1984-7	87.2	88.3	-
	ES -8	ASCO-1	PWR	WE 3-loops	2931	1033	995	ANAV	WH	1974-5	1983-8	1984-12	85.4	85.9	-
	ES -9	ASCO-2	PWR	WE 3-loops	2910	1027	997	ANAV	WH	1975-3	1985-10	1986-3	87.3	88.1	-
	ES -10	COFRENTES	BWR	BWR-6	3237	1092	1064	ID	GE	1975-9	1984-10	1985-3	86.1	86.9	-

The column Non-Electrical Applications indicates the use of the facility to provide: DH district heating, PH process heating.

TABLE 14. REACTORS IN OPERATION, 31 DEC. 2008 — continued

Country	Reactor Code	Reactor Name	Type	Model	Capacity [MW] Thermal	Capacity [MW] Gross	Capacity [MW] Net	Operator	NSSS Supplier	Construction Start	Grid Connection	Commercial Operation	EAF % 1998 to 2008	UCF % 1998 to 2008	Non-electrical Applics
	ES -2	SANTA MARIA DE GARONA	BWR	BWR-3	1381	466	446	NUCLENOR	GE	1966-5	1971-3	1971-5	77.6	78.3	-
	ES -11	TRILLO-1	PWR	PWR 3 loops	3010	1066	1003	CNAT	KWU	1979-8	1988-5	1988-8	86.6	86.8	-
	ES -16	VANDELLOS-2	PWR	WE 3-loops	2941	1087	1045	ANAV	WH	1980-12	1987-12	1988-3	82.3	83.1	-
SWEDEN	SE -9	FORSMARK-1	BWR	BWR 75	2928	1016	978	FKA	ABBATOM	1973-6	1980-6	1980-12	83.6	85.7	-
	SE -11	FORSMARK-2	BWR	BWR 75	2928	1028	990	FKA	ABBATOM	1975-1	1981-1	1981-7	84.2	86.1	-
	SE -14	FORSMARK-3	BWR	BWR 3000	3300	1212	1170	FKA	ABBATOM	1979-1	1985-3	1985-8	86.9	89.2	-
	SE -2	OSKARSHAMN-1	BWR	ABB BWR	1375	487	473	OKG	ABBATOM	1966-8	1971-8	1972-2	63.0	63.3	-
	SE -3	OSKARSHAMN-2	BWR	ABB BWR	1800	623	590	OKG	ABBATOM	1969-9	1974-10	1975-1	79.2	79.9	-
	SE -12	OSKARSHAMN-3	BWR	BWR 75	3300	1197	1152	OKG	ABBATOM	1980-5	1985-3	1985-8	86.8	87.5	-
	SE -4	RINGHALS-1	BWR		2540	887	856	RAB	WH	1969-2	1974-10	1976-1	72.5	73.4	-
	SE -5	RINGHALS-2	PWR		2660	917	867	RAB	WH	1970-10	1974-8	1975-5	72.1	73.5	-
	SE -7	RINGHALS-3	PWR		3160	1037	985	RAB	WH	1972-9	1980-9	1981-9	77.4	79.0	-
	SE -10	RINGHALS-4	PWR		2775	979	935	RAB	WH	1973-11	1982-6	1983-11	85.3	87.2	-
SWITZERLAND	CH -1	BEZNAU-1	PWR	WH - 2 loops	1130	380	365	NOK	WH	1965-9	1969-7	1969-9	84.2	84.5	DH
	CH -3	BEZNAU-2	PWR	WH - 2 loops	1130	380	365	NOK	WH	1968-1	1971-10	1971-12	87.2	87.3	DH
	CH -4	GOESGEN	PWR	PWR 3 Loop	2900	1020	970	KKG	KWU	1973-12	1979-2	1979-11	88.4	89.3	PH
	CH -5	LEIBSTADT	BWR	BWR 6	3600	1220	1165	KKL	GETSCO	1974-1	1984-5	1984-12	85.2	87.0	-
	CH -2	MUEHLEBERG	BWR	BWR 4	1097	390	355	BKW	GETSCO	1967-3	1971-7	1972-11	86.4	87.6	-
UK	GB -18A	DUNGENESS-B1	GCR	AGR	1500	615	520	BE	APC	1965-10	1983-4	1985-4	44.2	46.0	-
	GB -18B	DUNGENESS-B2	GCR	AGR	1500	615	520	BE	APC	1965-10	1985-12	1989-4	50.5	50.8	-
	GB -19A	HARTLEPOOL-A1	GCR	AGR	1500	655	595	BE	NPC	1968-10	1983-8	1989-4	68.0	68.1	-
	GB -19B	HARTLEPOOL-A2	GCR	AGR	1500	655	595	BE	NPC	1968-10	1984-10	1989-4	71.5	71.7	-
	GB -20A	HEYSHAM-A1	GCR	AGR	1500	625	585	BE	NPC	1970-10	1983-7	1989-4	70.5	70.8	-
	GB -20B	HEYSHAM-A2	GCR	AGR	1500	625	575	BE	NPC	1970-12	1984-10	1989-4	68.7	69.3	-
	GB -22A	HEYSHAM-B1	GCR	AGR	1550	680	615	BE	NPC	1980-8	1988-7	1989-4	76.1	76.8	-
	GB -22B	HEYSHAM-B2	GCR	AGR	1550	680	620	BE	NPC	1980-8	1988-11	1989-4	76.1	77.2	-
	GB -16A	HINKLEY POINT-B1	GCR	AGR	1494	655	410	BE	TNPG	1967-9	1976-10	1978-10	75.3	75.9	-

The column Non-Electrical Applications indicates the use of the facility to provide: DH district heating, PH process heating.

TABLE 14. REACTORS IN OPERATION, 31 DEC. 2008 — continued

Country	Reactor Code	Reactor Name	Type	Model	Capacity [MW] Thermal	Capacity [MW] Gross	Capacity [MW] Net	Operator	NSSS Supplier	Construction Start	Grid Connection	Commercial Operation	EAF % 1998 to 2008	UCF % 1998 to 2008	Non-electrical Applics
	GB -16B	HINKLEY POINT-B2	GCR	AGR	1494	655	410	BE	TNPG	1967-9	1976-2	1976-9	72.7	73.9	-
	GB -17A	HUNTERSTON-B1	GCR	AGR	1496	644	410	BE	TNPG	1967-11	1976-2	1976-2	70.1	70.5	-
	GB -17B	HUNTERSTON-B2	GCR	AGR	1496	644	410	BE	TNPG	1967-11	1977-3	1977-3	70.7	70.8	-
	GB -11A	OLDBURY-A1	GCR	MAGNOX	730	230	217	MEL	TNPG	1962-5	1967-11	1967-12	79.8	80.2	-
	GB -11B	OLDBURY-A2	GCR	MAGNOX	660	230	217	MEL	TNPG	1962-5	1968-4	1968-9	78.1	78.1	-
	GB -24	SIZEWELL-B	PWR		3425	1250	1188	BE	PPC	1988-7	1995-2	1995-9	86.3	86.4	-
	GB -23A	TORNESS 1	GCR	AGR	1623	682	615	BE	NNC	1980-8	1988-5	1988-5	73.2	75.2	-
	GB -23B	TORNESS 2	GCR	AGR	1623	682	615	BE	NNC	1980-8	1989-2	1989-2	73.3	74.4	-
	GB -13A	WYLFA 1	GCR	MAGNOX	1920	540	490	MEL	EE/B&W/T	1963-9	1971-1	1971-1	71.2	71.7	-
	GB -13B	WYLFA 2	GCR	MAGNOX	1920	540	490	MEL	EE/B&W/T	1963-9	1971-7	1972-1	69.2	69.4	-
UKRAINE	UA -40	KHMELNITSKI-1	PWR	VVER V-320	3000	1000	950	NNEGC	PAIP	1981-11	1987-12	1988-8	72.8	73.7	DH
	UA -41	KHMELNITSKI-2	PWR	VVER V-320	3000	1000	950	NNEGC	PAIP	1985-2	2004-8	2005-8	78.3	79.4	DH
	UA -27	ROVNO-1	PWR	VVER V-213	1375	420	381	NNEGC	PAIP	1973-8	1980-12	1981-9	79.8	80.5	DH
	UA -28	ROVNO-2	PWR	VVER V-213	1375	415	376	NNEGC	PAIP	1973-10	1981-12	1982-7	80.0	81.1	DH
	UA -29	ROVNO-3	PWR	VVER V-320	3000	1000	950	NNEGC	PAIP	1980-2	1986-12	1987-5	70.8	72.6	DH
	UA -69	ROVNO-4	PWR	VVER V-320	3000	1000	950	NNEGC	PAA	1986-8	2004-10	2006-4	64.7	67.4	DH
	UA -44	SOUTH UKRAINE-1	PWR	VVER V-302	3000	1000	950	NNEGC	PAA	1977-3	1982-12	1983-10	66.7	67.4	DH
	UA -45	SOUTH UKRAINE-2	PWR	VVER V-338	3000	1000	950	NNEGC	PAA	1979-10	1985-1	1985-4	63.1	64.3	DH
	UA -48	SOUTH UKRAINE-3	PWR	VVER V-320	3000	1000	950	NNEGC	PAIP	1985-2	1989-9	1989-12	70.3	71.5	DH
	UA -54	ZAPOROZHE-1	PWR	VVER V-320	3000	1000	950	NNEGC	PAIP	1980-4	1984-12	1985-12	63.4	65.7	DH
	UA -56	ZAPOROZHE-2	PWR	VVER V-320	3000	1000	950	NNEGC	PAIP	1981-1	1985-7	1986-2	67.9	69.5	DH
	UA -78	ZAPOROZHE-3	PWR	VVER V-320	3000	1000	950	NNEGC	PAIP	1982-4	1986-12	1987-3	69.8	72.6	DH
	UA -79	ZAPOROZHE-4	PWR	VVER V-320	3000	1000	950	NNEGC	PAIP	1983-4	1987-12	1988-4	73.5	76.1	DH
	UA -126	ZAPOROZHE-5	PWR	VVER V-320	3000	1000	950	NNEGC	PAIP	1985-11	1989-8	1989-10	73.9	75.5	DH
	UA -127	ZAPOROZHE-6	PWR	VVER V-320	3000	1000	950	NNEGC	PAIP	1986-6	1995-10	1996-9	79.1	81.2	DH
USA	US -313	ARKANSAS ONE-1	PWR	B&W (L-loop) D	2568	880	843	ENTGARKS	B&W	1968-12	1974-8	1974-12	78.8	79.1	-
	US -368	ARKANSAS ONE-2	PWR	CE (2-loop) DR	3026	1040	995	ENTERGY	CE	1968-12	1978-12	1980-3	83.0	83.2	-
	US -334	BEAVER VALLEY-1	PWR	W (3-loop)	2689	923	892	FENOC	WH	1970-6	1976-6	1976-10	72.3	72.3	-

The column Non-Electrical Applications indicates the use of the facility to provide: DH district heating.

TABLE 14. REACTORS IN OPERATION, 31 DEC. 2008 — continued

Country	Reactor Code	Reactor Name	Type	Model	Capacity [MW] Thermal	Capacity [MW] Gross	Capacity [MW] Net	Operator	NSSS Supplier	Construction Start	Grid Connection	Commercial Operation	EAF % 1998 to 2008	UCF % 1998 to 2008	Non-electrical Applics
	US -412	BEAVER VALLEY-2	PWR	W (3-loop)	2689	923	890	FENOC	WH	1974-5	1987-8	1987-11	86.0	86.0	-
	US -466	BRAIDWOOD-1	PWR	W (4-loop)	3587	1240	1178	EXELON	WH	1975-12	1987-7	1988-7	87.5	87.5	-
	US -457	BRAIDWOOD-2	PWR	W (4-loop) DRY	3587	1213	1152	EXELON	WH	1975-12	1988-5	1988-10	90.5	90.6	-
	US -259	BROWNS FERRY-1	BWR	BWR-4	3458	1152	1065	TVA	GE	1967-5	1973-10	1974-8	61.0	61.0	-
	US -260	BROWNS FERRY-2	BWR	BWR-4 (Mark 1)	3458	1155	1104	TVA	GE	1967-5	1974-8	1975-3	78.9	78.9	-
	US -296	BROWNS FERRY-3	BWR	BWR-4 (Mark 1)	3458	1400	1230	TVA	GE	1968-7	1976-9	1977-3	80.8	80.8	-
	US -325	BRUNSWICK-1	BWR	BWR-4 (Mark 1)	2923	990	938	PROGENGC	GE	1970-2	1976-12	1977-3	73.5	73.8	-
	US -324	BRUNSWICK-2	BWR	BWR-4 (Mark 1)	2923	989	937	PROGENGC	GE	1970-2	1975-4	1975-11	72.4	72.8	-
	US -454	BYRON-1	PWR	W (4-loop) (DR	3587	1225	1164	EXELON	WH	1975-12	1985-3	1985-9	87.3	87.3	-
	US -455	BYRON-2	PWR	W (4-loop) DRY	3587	1196	1136	EXELON	WH	1975-12	1987-2	1987-8	91.6	91.6	-
	US -483	CALLAWAY-1	PWR	W (4-loop) DRY	3565	1236	1190	AMERGENE	WH	1976-4	1984-10	1984-12	88.1	88.1	-
	US -317	CALVERT CLIFFS-1	PWR	CE (2-loop) (D	2700	918	873	CCNPP	CE	1969-7	1975-1	1975-5	77.2	77.5	-
	US -318	CALVERT CLIFFS-2	PWR	CE (2-loop) (D	2700	911	862	CCNPP	CE	1969-7	1976-12	1977-4	80.9	81.0	-
	US -413	CATAWBA-1	PWR	W (4-loop) (IC	3411	1188	1129	DUKE	WH	1975-8	1985-1	1985-6	83.9	83.9	-
	US -414	CATAWBA-2	PWR	W (4-loop) (IC	3411	1188	1129	DUKE	WH	1975-8	1986-5	1986-8	85.0	85.0	-
	US -461	CLINTON-1	BWR	BWR-6 (Mark 3)	3473	1098	1043	AMERGENE	GE	1976-2	1987-4	1987-11	74.5	74.6	-
	US -397	COLUMBIA	BWR	BWR-5 (Mark 2)	3486	1200	1131	ENERGYNW	GE	1972-2	1984-5	1984-12	77.8	78.6	-
	US -445	COMANCHE PEAK-1	PWR	W (4-loop) DRY	3458	1189	1150	TXU	WH	1974-12	1990-4	1990-8	88.5	88.5	-
	US -446	COMANCHE PEAK-2	PWR	W (4-loop) DRY	3458	1189	1150	TXU	WH	1974-12	1993-4	1993-8	90.5	90.6	-
	US -298	COOPER	BWR	BWR-4 (Mark 1)	2381	801	770	NPPD	GE	1968-6	1974-5	1974-7	75.3	75.3	-
	US -302	CRYSTAL RIVER-3	PWR	B&W (L-loop)	2568	890	838	PROGRESS	B&W	1968-9	1977-1	1977-3	73.0	73.1	-
	US -346	DAVIS BESSE-1	PWR	B&W (R-loop)	2772	925	894	FENOC	B&W	1971-3	1977-8	1978-7	68.1	68.2	-
	US -275	DIABLO CANYON-1	PWR	W (4-loop)	3338	1136	1122	PGE	WH	1968-4	1984-11	1985-5	86.3	86.4	-
	US -323	DIABLO CANYON-2	PWR	W (4-loop)	3411	1164	1118	PGE	WH	1970-12	1985-10	1986-3	88.3	88.4	-
	US -315	DONALD COOK-1	PWR	W (4-loop) ICE	3304	1077	1009	IMPCO	WH	1969-3	1975-2	1975-8	69.5	69.6	-
	US -316	DONALD COOK-2	PWR	W (4-loop) ICE	3468	1133	1060	IMPCO	WH	1969-3	1978-3	1978-7	68.3	68.5	-
	US -237	DRESDEN-2	BWR	BWR-3 (Mark 1)	2527	913	867	EXELON	GE	1966-1	1970-4	1970-6	77.2	77.3	-
	US -249	DRESDEN-3	BWR	BWR-3 (Mark 1)	2527	913	867	EXELON	GE	1966-10	1971-7	1971-11	73.5	73.5	-
	US -331	DUANE ARNOLD-1	BWR	BWR-4 (Mark 1)	1912	614	580	FPLDUANE	GE	1970-6	1974-5	1975-2	78.5	78.6	-
	US -341	ENRICO FERMI-2	BWR	BWR-4 (Mark 1)	3430	1154	1122	DETED	GE	1972-9	1986-9	1988-1	77.9	77.9	-

TABLE 14. REACTORS IN OPERATION, 31 DEC. 2008 — continued

Country	Reactor		Type	Model	Capacity [MW]			Operator	NSSS Supplier	Construction Start	Grid Connection	Commercial Operation	EAF % 1998 to 2008	UCF % 1998 to 2008	Non-electrical Applics
	Code	Name			Thermal	Gross	Net								
	US-348	FARLEY-1	PWR	W (3-loop)	2775	895	851	ALP	WH	1972-8	1977-8	1977-12	83.0	83.2	-
	US-364	FARLEY-2	PWR	W (3-loop) DRY	2775	905	860	ALP	WH	1972-8	1981-5	1981-7	87.2	87.3	-
	US-333	FITZPATRICK	BWR	BWR-4 (Mark 1)	2536	882	852	ENTERGY	GE	1970-5	1975-2	1975-7	76.6	76.8	-
	US-285	FORT CALHOUN-1	PWR	CE (2-loop)	1500	512	482	OPPD	CE	1968-6	1973-8	1973-9	80.2	80.2	-
	US-416	GRAND GULF-1	BWR	BWR-6 (Mark 3)	3833	1333	1268	ENTERGY	GE	1974-9	1984-10	1985-7	86.5	86.6	-
	US-261	H.B. ROBINSON-2	PWR	W (3-loop) DRY	2339	745	710	PROGRESS	WH	1967-4	1970-9	1971-3	78.4	78.6	-
	US-321	HATCH-1	BWR	BWR-4 (Mark 1)	2804	898	876	SOUTH	GE	1969-9	1974-11	1975-12	79.9	79.9	-
	US-366	HATCH-2	BWR	BWR-4 (Mark 1)	2804	921	883	SOUTH	GE	1972-12	1978-9	1979-9	82.5	82.6	-
	US-354	HOPE CREEK-1	BWR	BWR-4 (Mark 1)	3339	1376	1186	PSEG	GE	1976-3	1986-8	1986-12	85.4	85.4	-
	US-247	INDIAN POINT-2	PWR	W (4-loop) DRY	3216	1062	1020	ENTERGY	WH	1966-10	1973-6	1974-8	71.9	71.9	-
	US-286	INDIAN POINT-3	PWR	W (4-loop) DRY	3216	1065	1025	ENTERGY	WH	1969-8	1976-4	1976-8	68.1	68.1	-
	US-305	KEWAUNEE	PWR	W (2-loop) DRY	1772	581	556	DOMENGY	WH	1968-8	1974-4	1974-6	82.9	82.9	-
	US-373	LASALLE-1	BWR	BWR-5 (Mark 2)	3489	1177	1118	EXELON	GE	1973-9	1982-9	1984-1	75.2	75.2	-
	US-374	LASALLE-2	BWR	BWR-5 (Mark 2)	3489	1179	1120	EXELON	GE	1973-9	1984-4	1984-10	74.3	74.3	-
	US-352	LIMERICK-1	BWR	BWR-4 (Mark 2)	3458	1194	1134	EXELON	GE	1974-6	1985-4	1986-2	89.5	89.5	-
	US-353	LIMERICK-2	BWR	BWR-4 (Mark 2)	3458	1194	1134	EXELON	GE	1974-6	1989-9	1990-1	92.9	92.9	-
	US-369	MCGUIRE-1	PWR	W (4-loop) ICE	3411	1158	1100	DUKE	WH	1973-2	1981-9	1981-12	79.9	80.3	-
	US-370	MCGUIRE-2	PWR	W (4-loop) IC	3411	1158	1100	DUKE	WH	1973-2	1983-5	1984-3	84.0	84.0	-
	US-336	MILLSTONE-2	PWR	COMB CE DRY	2700	910	877	DOMIN	CE	1970-12	1975-11	1975-12	65.9	66.7	-
	US-423	MILLSTONE-3	PWR	W (4-loop) DRY	3411	1253	1145	DOMIN	WH	1974-8	1986-2	1986-4	74.8	74.8	-
	US-263	MONTICELLO	BWR	BWR-3	1775	600	572	NORTHERN	GE	1967-6	1971-3	1971-6	84.6	84.6	-
	US-220	NINE MILE POINT-1	BWR	BWR-2 (Mark 1)	1850	642	621	NMPNSLLC	GE	1965-4	1969-11	1969-12	74.0	74.0	-
	US-410	NINE MILE POINT-2	BWR	BWR-5 (Mark 2)	3467	1205	1140	NMPNSLLC	GE	1974-6	1987-8	1988-3	82.7	82.7	-
	US-338	NORTH ANNA-1	PWR	W (3-loop)	2893	973	903	VEPCO	WH	1971-2	1978-4	1978-6	81.9	81.9	-
	US-339	NORTH ANNA-2	PWR	W (3-loop)	2893	958	903	VEPCO	WH	1971-2	1980-8	1980-12	85.3	85.3	-
	US-269	OCONEE-1	PWR	B&W (L-loop)	2568	891	846	DUKE	B&W	1967-11	1973-5	1973-7	79.5	79.8	-
	US-270	OCONEE-2	PWR	B&W (L-loop)	2568	891	846	DUKE	B&W	1967-11	1973-12	1974-9	80.8	81.1	-
	US-287	OCONEE-3	PWR	B&W (L-loop)	2568	891	846	DUKE	B&W	1967-11	1974-9	1974-12	79.9	79.8	-
	US-219	OYSTER CREEK	BWR	BWR-2 (Mark 1)	1930	652	619	AMERGEN	GE	1964-12	1969-9	1969-12	74.9	74.9	-
	US-255	PALISADES	PWR	CE (2-loop) DR	2565	842	778	CONSENEC	CE	1967-3	1971-12	1971-12	68.6	69.6	-

43

TABLE 14. REACTORS IN OPERATION, 31 DEC. 2008 — continued

Country	Reactor		Type	Model	Capacity [MW]			Operator	NSSS Supplier	Construction Start	Grid Connection	Commercial Operation	EAF % 1998 to 2008	UCF % 1998 to 2008	Non-electrical Applics
	Code	Name			Thermal	Gross	Net								
	US-528	PALO VERDE-1	PWR	CE (2-loop) DR	3990	1414	1311	AZPSCO	CE	1976-6	1985-5	1986-1	76.7	77.0	-
	US-529	PALO VERDE-2	PWR	COMB CE80 DF	3990	1414	1314	AZPSCO	CE	1976-6	1986-5	1986-9	80.1	80.3	-
	US-530	PALO VERDE-3	PWR	COMB CE80 DF	3990	1346	1317	AZPSCO	CE	1976-6	1987-11	1988-1	82.8	83.1	-
	US-277	PEACH BOTTOM-2	BWR	BWR-4 (Mark 1)	3514	1171	1112	EXELON	GE	1968-1	1974-2	1974-7	73.5	73.5	-
	US-278	PEACH BOTTOM-3	BWR	BWR-4 (Mark 1)	3514	1171	1112	EXELON	GE	1968-1	1974-9	1974-12	74.0	74.1	-
	US-440	PERRY-1	BWR	BWR-6 (Mark 3)	3758	1303	1245	FENOC	GE	1977-5	1986-12	1987-11	80.2	80.2	-
	US-293	PILGRIM-1	BWR	BWR-3 (Mark 1)	2028	711	685	ENTERGY	GE	1968-8	1972-7	1972-12	69.9	70.2	-
	US-266	POINT BEACH-1	PWR	W (2-loop) DRY	1540	543	512	WEP	WH	1967-7	1970-11	1970-12	82.7	83.1	-
	US-301	POINT BEACH-2	PWR	W (2-loop) DRY	1540	545	514	WEP	WH	1968-7	1972-8	1972-10	84.5	84.5	-
	US-282	PRAIRIE ISLAND-1	PWR	W (2-loop) DRY	1650	566	551	NORTHERN	WH	1968-6	1973-12	1973-12	86.1	86.1	-
	US-306	PRAIRIE ISLAND-2	PWR	W (2-loop) DRY	1650	640	545	NUCMAN	WH	1969-6	1974-12	1974-12	87.9	87.9	-
	US-254	QUAD CITIES-1	BWR	BWR-3 (Mark 1)	2957	913	867	EXELON	GE	1967-2	1972-4	1973-2	77.0	77.1	-
	US-265	QUAD CITIES-2	BWR	BWR-3 (Mark 1)	2511	913	867	EXELON	GE	1967-2	1972-5	1973-3	75.3	76.0	-
	US-244	R.E. GINNA	PWR	W (2-loop)	1775	608	498	CCNPP	WH	1966-4	1969-12	1970-7	84.4	84.4	-
	US-458	RIVER BEND-1	BWR	BWR-6 (Mark 3)	3091	1036	970	ENTGS	GE	1977-3	1985-12	1986-6	81.4	81.7	-
	US-272	SALEM-1	PWR	W (4-loop) DRY	3459	1228	1174	PSEGPOWR	WH	1968-9	1976-12	1977-6	66.8	67.0	-
	US-311	SALEM-2	PWR	W (4-loop) DRY	3459	1170	1156	PSEGPOWR	WH	1968-9	1981-6	1981-10	69.3	69.3	-
	US-361	SAN ONOFRE-2	PWR	CE (2-loop) DR	3438	1127	1070	SCE	CE	1974-3	1982-9	1983-8	81.4	81.4	-
	US-362	SAN ONOFRE-3	PWR	CE (2-loop) DR	3438	1127	1080	SCE	CE	1974-3	1983-9	1984-4	81.4	81.4	-
	US-443	SEABROOK-1	PWR	W (4-loop) DRY	3587	1296	1245	FPL	WH	1976-7	1990-5	1990-8	86.5	86.6	-
	US-327	SEQUOYAH-1	PWR	W (4-loop) ICE	3411	1221	1148	TVA	WH	1970-5	1980-7	1981-7	71.2	71.2	-
	US-328	SEQUOYAH-2	PWR	W (4-loop) IC	3411	1221	1126	TVA	WH	1970-5	1981-12	1982-6	75.1	75.1	-
	US-400	SHEARON HARRIS-1	PWR	W (3-loop) DRY	2900	960	900	PROGENGC	WH	1978-1	1987-1	1987-5	87.9	87.9	-
	US-498	SOUTH TEXAS-1	PWR	W (4-loop)	3853	1354	1280	STP	WH	1975-12	1988-3	1988-8	80.7	80.7	-
	US-499	SOUTH TEXAS-2	PWR	W (4-loop) DRY	3853	1354	1280	STP	WH	1975-12	1989-4	1989-6	81.8	81.8	-
	US-335	ST. LUCIE-1	PWR	COMB CE DRY	2700	883	839	FPL	CE	1970-7	1976-5	1976-12	81.8	82.1	-
	US-389	ST. LUCIE-2	PWR	COMB CE DRY	2700	883	839	FPL	CE	1977-5	1983-6	1983-8	86.1	86.5	-
	US-280	SURRY-1	PWR	W (3-loop) DRY	2546	848	799	VEPCO	WH	1968-6	1972-7	1972-12	74.6	74.6	-
	US-281	SURRY-2	PWR	W (3-loop) DRY	2546	848	799	VEPCO	WH	1968-6	1973-3	1973-5	75.6	75.6	-
	US-387	SUSQUEHANNA-1	BWR	BWR-4 (Mark 2)	3489	1199	1149	PP&L	GE	1973-11	1982-11	1983-6	83.6	83.7	-

TABLE 14. REACTORS IN OPERATION, 31 DEC. 2008 — continued

Country	Reactor Code	Reactor Name	Type	Model	Thermal	Gross	Net	Operator	NSSS Supplier	Construction Start	Grid Connection	Commercial Operation	EAF % 1998 to 2008	UCF % 1998 to 2008	Non-electrical Applics
	US-388	SUSQUEHANNA-2	BWR	BWR-4 (Mark 2)	3489	1204	1140	PP&L	GE	1973-11	1984-7	1985-2	87.5	87.5	--
	US-289	THREE MILE ISLAND-1	PWR	B&W (L-loop)	2568	837	786	AMERGENE	B&W	1968-5	1974-6	1974-9	72.1	86.6	--
	US-250	TURKEY POINT-3	PWR	W (3-loop) DRY	2300	729	693	FPL	WH	1967-4	1972-11	1972-12	77.6	77.7	--
	US-251	TURKEY POINT-4	PWR	W (3-loop) DRY	2300	729	693	FPL	WH	1967-4	1973-6	1973-9	76.9	77.0	--
	US-271	VERMONT YANKEE	BWR	BWR-4 (Mark 1)	1912	650	620	ENTERGY	GE	1967-12	1972-9	1972-11	84.2	84.2	--
	US-395	VIRGIL C. SUMMER-1	PWR	W (3-loop) DRY	2900	1003	966	SCEG	WH	1973-3	1982-11	1984-1	84.5	84.5	--
	US-424	VOGTLE-1	PWR	W (4-loop) DRY	3565	1203	1109	SOUTH	WH	1976-8	1987-3	1987-6	89.8	89.9	--
	US-425	VOGTLE-2	PWR	W (4-loop) DRY	3565	1202	1127	SOUTH	WH	1976-8	1989-4	1989-5	89.8	89.8	--
	US-382	WATERFORD-3	PWR	CE (2-loop)	3716	1202	1157	ENTERGY	CE	1974-11	1985-3	1985-9	86.7	87.0	--
	US-390	WATTS BAR-1	PWR	W (4-loop) IC	3459	1202	1123	TVA	WH	1973-1	1996-2	1996-5	89.6	89.6	--
	US-482	WOLF CREEK	PWR	W (4-loop)	3565	1213	1166	KGECO	WH	1977-5	1985-6	1985-9	86.3	86.4	--

Status as of 31 December 2008, 438 reactors (371562 MW(e)) were connected to the grid, including 6 units (4949 MW(e)) in Taiwan, China.

Country	Code	Name	Type	Model	Thermal	Gross	Net	Operator	NSSS Supplier	Construction Start	Grid Connection	Commercial Operation	EAF % 1998 to 2008	UCF % 1998 to 2008	Non-electrical Applics
TWN, CHINA	TW-1	CHIN SHAN-1	BWR	BWR-4	1775	636	604	TPC	GE	1972-6	1977-11	1978-12	81.8	82.9	--
	TW-2	CHIN SHAN-2	BWR	BWR-4	1775	636	604	TPC	GE	1973-12	1978-12	1979-7	81.5	82.6	--
	TW-3	KUOSHENG-1	BWR	BWR-6	2943	1019	985	TPC	GE	1975-11	1981-12	1981-12	82.4	83.1	--
	TW-4	KUOSHENG-2	BWR	BWR-6	2943	985	948	TPC	GE	1976-3	1982-6	1983-3	81.7	82.8	--
	TW-5	MAANSHAN-1	PWR		2785	951	900	TPC	WH	1978-8	1984-5	1984-7	83.6	85.1	--
	TW-6	MAANSHAN-2	PWR		2785	951	908	TPC	WH	1979-2	1985-2	1985-5	84.0	85.8	--

TABLE 15. LONG-TERM SHUTDOWN REACTORS, 31 DEC. 2008

Country	Reactor Code	Reactor Name	Type	Model	Capacity [MW] Thermal	Capacity [MW] Gross	Capacity [MW] Net	Operator	NSSS Supplier	Construction Start	Grid Connection	Commercial Operation	Long-term Shutdown Date
CANADA	CA-8	BRUCE-1	PHWR	CANDU 791	2832	824	848	BRUCEPOW	OH/AECL	1971-6	1977-1	1977-9	1997-10
	CA-9	BRUCE-2	PHWR	CANDU 791	2832	824	848	BRUCEPOW	OH/AECL	1970-12	1976-9	1977-9	1995-10
	CA-5	PICKERING-2	PHWR	CANDU 500A	1744	542	515	OPG	OH/AECL	1966-9	1971-10	1971-12	1997-12
	CA-6	PICKERING-3	PHWR	CANDU 500A	1744	542	515	OPG	OH/AECL	1967-12	1972-5	1972-6	1997-12
JAPAN	JP-31	MONJU	FBR	Not specified	714	280	246	JAEA	T/H/F/M	1986-5	1995-8	—	1995-12

Status as of 31 December 2008, 5 reactors (2972 MW(e)) were in long-term shutdown.

TABLE 16. REACTORS PERMANENTLY SHUT DOWN, 31 DEC. 2008

Country	Reactor Code	Reactor Name	Type	Capacity [MW] Thermal	Capacity [MW] Gross	Capacity [MW] Net	Operator	NSSS Supplier	Construction Start	Grid Connection	Commercial Operation	Shut Down
ARMENIA	AM -18	ARMENIA-1	PWR	1375	408	376	ANPPJSC	FAEA	1969-7	1976-12	1977-10	1989-2
BELGIUM	BE -1	BR-3	PWR	41	12	10	CEN/SCK	WH	1957-11	1962-10	1962-10	1987-6
BULGARIA	BG -1	KOZLODUY-1	PWR	1375	440	408	KOZNPP	AEE	1970-4	1974-7	1974-10	2002-12
	BG -2	KOZLODUY-2	PWR	1375	440	408	KOZNPP	AEE	1970-4	1975-8	1975-11	2002-12
	BG -3	KOZLODUY-3	PWR	1375	440	408	KOZNPP	AEE	1973-10	1980-12	1981-1	2006-12
	BG -4	KOZLODUY-4	PWR	1375	440	408	KOZNPP	AEE	1973-10	1982-5	1982-6	2006-12
CANADA	CA -2	DOUGLAS POINT	PHWR	704	218	206	OH	AECL	1960-2	1967-1	1968-9	1984-5
	CA -3	GENTILLY-1	HWLWR	792	266	250	HQ	AECL	1966-9	1971-4	1972-5	1977-6
	CA -1	ROLPHTON NPD	PHWR	92	25	22	OH	CGE	1958-1	1962-6	1962-10	1987-8
FRANCE	FR -9	BUGEY-1	GCR	1954	555	540	EDF	FRAM	1965-12	1972-4	1972-7	1994-5
	FR -2	CHINON-A1	GCR	300	80	70	EDF	LEVIVIER	1957-2	1963-6	1964-2	1973-4
	FR -3	CHINON-A2	GCR	800	230	180	EDF	LEVIVIER	1959-8	1965-2	1965-2	1985-6
	FR -4	CHINON-A3	GCR	1170	480	360	EDF	GTM	1961-3	1966-8	1966-8	1990-6
	FR -5	CHOOZ-A (ARDENNES)	PWR	1040	320	305	SENA	AF/W	1962-1	1967-4	1967-4	1991-10
	FR -6	EL-4 (MONTS D'ARREE)	HWGCR	250	75	70	EDF	GAAA	1962-7	1967-7	1968-6	1985-7
	FR -1B	G-2 (MARCOULE)	GCR	260	43	38	COGEMA	SACM	1955-3	1959-4	1959-4	1980-2
	FR -1	G-3 (MARCOULE)	GCR	260	43	40	COGEMA	SACM	1956-3	1960-4	1960-4	1984-6
	FR -7	ST. LAURENT-A1	GCR	1650	500	480	EDF	FRAM	1963-10	1969-3	1969-6	1990-4
	FR -8	ST. LAURENT-A2	GCR	1475	530	465	EDF	FRAM	1966-1	1971-8	1971-11	1992-5
	FR -24	SUPER*-PHENIX	FBR	3000	1242	1200	EDF	ASPALDO	1976-12	1986-1	NA	1998-12
GERMANY	DE -4	AVR JUELICH (AVR)	HTGR	46	15	13	AVR	BBK	1961-8	1967-12	1969-5	1988-12
	DE -502	GREIFSWALD-1 (KGR 1)	PWR	1375	440	408	EWN	AtEE	1970-3	1973-12	1974-7	1990-2
	DE -503	GREIFSWALD-2 (KGR 2)	PWR	1375	440	408	EWN	AEE	1970-3	1974-12	1975-4	1990-2
	DE -504	GREIFSWALD-3 (KGR 3)	PWR	1375	440	408	EWN	AEE	1972-4	1977-10	1978-5	1990-2
	DE -505	GREIFSWALD-4 (KGR 4)	PWR	1375	440	408	EWN	AEE	1972-4	1979-9	1979-11	1990-7

TABLE 16. REACTORS PERMANENTLY SHUT DOWN, 31 DEC. 2008 — continued

Country	Reactor Code	Reactor Name	Type	Capacity Thermal	Capacity Gross	Capacity Net	Operator	NSSS Supplier	Construction Start	Grid Connection	Commercial Operation	Shut Down
GERMANY	DE -506	GREIFSWALD-5 (KGR 5)	PWR	1375	440	408	EWN	AEE	1976-12	1989-4	1989-11	1989-11
	DE -3	GUNDREMMINGEN-A (KRB A)	BWR	801	250	237	KGB	AEG, GE	1962-12	1966-12	1967-4	1977-1
	DE -7	HDR GROSSWELZHEIM	BWR	100	25	25	HDR	AEG,KWU	1965-1	1969-10	1970-8	1971-4
	DE -8	KNK II	FBR	58	21	17	KBG	IA	1974-9	1978-4	1979-3	1991-8
	DE -6	LINGEN (KWL)	BWR	520	268	183	KWL	AEG	1964-10	1968-7	1968-10	1979-1
	DE -22	MUELHEIM-KAERLICH (KMK)	PWR	3760	1302	1219	KGG	BBR	1975-1	1986-3	1987-8	1988-9
	DE -2	MZFR	PHWR	200	57	52	KBG	SIEMENS	1961-12	1966-3	1966-12	1984-5
	DE -11	NIEDERAICHBACH (KKN)	HWGCR	321	106	100	KKN	SIEM,KWU	1966-6	1973-1	1973-1	1974-7
	DE -5	OBRIGHEIM (KWO)	PWR	1050	357	340	EnBW	SIEM,KWU	1965-3	1968-10	1969-3	2005-5
	DE -501	RHEINSBERG (KKR)	PWR	265	70	62	EWN	AEE	1960-1	1966-5	1966-10	1990-6
	DE -10	STADE (KKS)	PWR	1900	672	640	E.ON	KWU	1967-12	1972-1	1972-5	2003-11
	DE -19	THTR-300	HTGR	750	308	296	HKG	HRB	1971-5	1985-11	1987-6	1988-4
	DE -1	VAK KAHL	BWR	60	16	15	VAK	GE,AEG	1958-7	1961-6	1962-2	1985-11
	DE -9	WUERGASSEN (KWW)	BWR	1912	670	640	PE	AEG,KWU	1968-1	1971-12	1975-11	1994-8
ITALY	IT -4	CAORSO	BWR	2651	882	860	SOGIN	AMN/GETS	1970-1	1978-5	1981-12	1990-7
	IT -3	ENRICO FERMI (TRINO)	PWR	870	270	260	SOGIN	EL/WEST	1961-7	1964-10	1965-1	1990-7
	IT -2	GARIGLIANO	BWR	506	160	150	SOGIN	GE	1959-11	1964-1	1964-6	1982-3
	IT -1	LATINA	GCR	660	160	153	SOGIN	TNPG	1958-11	1963-5	1964-1	1987-12
JAPAN	JP -20	FUGEN ATR	HWLWR	557	165	148	JAEA	HITACHI	1972-5	1978-7	1979-3	2003-3
	JP -1	JPDR	BWR	90	13	12	JAEA	GE	1960-12	1963-10	1965-3	1976-3
	JP -2	TOKAI-1	GCR	587	166	137	JAPCO	GEC	1961-3	1965-11	1966-7	1998-3
KAZAKHSTAN	KZ -10	BN-350	FBR	1000	90	52	MAEC-KAZ	MAEC-KAZ	1964-10	1973-7	1973-7	1999-4
LITHUANIA	LT -46	IGNALINA-1	LWGR	4800	1300	1185	INPP	MAEP	1977-5	1983-12	1984-5	2004-12
NETHERLANDS	NL -1	DODEWAARD	BWR	183	60	55	BV GKN	RDM	1965-5	1968-10	1969-3	1997-3
RUSSIA	RU -1	APS-1 OBNINSK	LWGR	30	6	5	MSM	MSM	1951-1	1954-6	1954-12	2002-4

48

TABLE 16. REACTORS PERMANENTLY SHUT DOWN, 31 DEC. 2008 — continued

Country	Reactor Code	Reactor Name	Type	Thermal	Gross	Net	Operator	NSSS Supplier	Construction Start	Grid Connection	Commercial Operation	Shut Down
RUSSIA	RU -3	BELOYARSKY-1	LWGR	286	108	102	MSM	MSM	1958-6	1964-4	1964-4	1983-1
	RU -6	BELOYARSKY-2	LWGR	530	160	146	MSM	MSM	1962-1	1967-12	1969-12	1990-1
	RU -4	NOVOVORONEZH-1	PWR	760	210	197	MSM	MSM	1957-7	1964-12	1964-12	1988-2
	RU -8	NOVOVORONEZH-2	PWR	1320	365	336	MSM	MSM	1964-6	1969-12	1970-4	1990-8
SLOVAKIA	SK -1	BOHUNICE A1	HWGCR	560	143	93	JAVYS	SKODA	1958-8	1972-12	1972-12	1977-2
	SK -2	BOHUNICE-1	PWR	1375	440	408	JAVYS	AEE	1972-4	1978-12	1980-4	2006-12
	SK -3	BOHUNICE-2	PWR	1375	440	408	JAVYS	AEE	1972-4	1980-3	1981-1	2008-12
SPAIN	ES -1	JOSE CABRERA-1 (ZORITA)	PWR	510	150	141	UFG	WH	1964-6	1968-7	1969-8	2006-4
	ES -3	VANDELLOS-1	GCR	1670	500	480	HIFRENSA	CEA	1968-6	1972-5	1972-8	1990-7
SWEDEN	SE -1	AGESTA	PHWR	80	12	10	BKAB	ABBATOM	1957-12	1964-5	1964-5	1974-6
	SE -6	BARSEBACK-1	BWR	1800	615	600	BKAB	ASEASTAL	1971-2	1975-5	1975-7	1999-11
	SE -8	BARSEBACK-2	BWR	1800	615	615	BKAB	ABBATOM	1973-1	1977-3	1977-7	2005-5
UK	GB -3A	BERKELEY 1	GCR	620	166	138	MEL	TNPG	1957-1	1962-6	1962-6	1989-3
	GB -3B	BERKELEY 2	GCR	620	166	138	MEL	TNPG	1957-1	1962-6	1962-10	1988-10
	GB -4A	BRADWELL 1	GCR	481	146	123	MEL	TNPG	1957-1	1962-7	1962-7	2002-3
	GB -4B	BRADWELL 2	GCR	481	146	123	MEL	TNPG	1957-1	1962-7	1962-11	2002-3
	GB -1A	CALDER HALL 1	GCR	268	60	50	MEL	UKAEA	1953-8	1956-8	1956-10	2003-3
	GB -1B	CALDER HALL 2	GCR	268	60	50	MEL	UKAEA	1953-8	1957-2	1957-2	2003-3
	GB -1C	CALDER HALL 3	GCR	268	60	50	MEL	UKAEA	1955-8	1958-3	1958-5	2003-3
	GB -1D	CALDER HALL 4	GCR	268	60	50	MEL	UKAEA	1955-8	1959-4	1959-4	2003-3
	GB -2A	CHAPELCROSS 1	GCR	260	60	50	MEL	UKAEA	1955-10	1959-2	1959-3	2004-6
	GB -2B	CHAPELCROSS 2	GCR	260	60	50	MEL	UKAEA	1955-10	1959-7	1959-8	2004-6
	GB -2C	CHAPELCROSS 3	GCR	260	60	50	MEL	UKAEA	1955-10	1959-11	1959-12	2004-6
	GB -2D	CHAPELCROSS 4	GCR	260	60	50	MEL	UKAEA	1955-10	1960-1	1960-3	2004-6
	GB -14	DOUNREAY DFR	FBR	60	15	11	UKAEA	UKAEA	1955-3	1962-10	1962-10	1977-3
	GB -15	DOUNREAY PFR	FBR	600	250	234	UKAEA	TNPG	1966-1	1975-1	1976-7	1994-3
	GB -9A	DUNGENESS-A1	GCR	840	230	225	MEL	TNPG	1960-7	1965-9	1965-10	2006-12

TABLE 16. REACTORS PERMANENTLY SHUT DOWN, 31 DEC. 2008 — continued

Country	Reactor		Type	Capacity [MW]			Operator	NSSS Supplier	Construction Start	Grid Connection	Commercial Operation	Shut Down
	Code	Name		Thermal	Gross	Net						
UK	GB-9B	DUNGENESS-A2	GCR	840	230	225	MEL	TNPG	1960-7	1965-11	1965-12	2006-12
	GB-7A	HINKLEY POINT-A1	GCR	900	267	235	MEL	EE/B&W/T	1957-11	1965-2	1965-5	2000-5
	GB-7B	HINKLEY POINT-A2	GCR	900	267	235	MEL	EE/B&W/T	1957-11	1965-3	1965-5	2000-5
	GB-6A	HUNTERSTON-A1	GCR	595	173	300	MEL	GEC	1957-10	1964-2	1964-2	1990-3
	GB-6B	HUNTERSTON-A2	GCR	595	173	150	MEL	GEC	1957-10	1964-6	1964-7	1989-12
	GB-10A	SIZEWELL-A1	GCR	1010	245	210	MEL	EE/B&W/T	1961-4	1966-1	1966-3	2006-12
	GB-10B	SIZEWELL-A2	GCR	1010	245	210	MEL	EE/B&W/T	1961-4	1966-4	1966-9	2006-12
	GB-8A	TRAWSFYNYDD 1	GCR	850	235	390	MEL	APC	1959-7	1965-1	1965-3	1991-2
	GB-8B	TRAWSFYNYDD 2	GCR	850	235	195	MEL	APC	1959-7	1965-2	1965-3	1991-2
	GB-5	WINDSCALE AGR	GCR	120	41	32	UKAEA	UKAEA	1958-11	1963-2	1963-3	1981-4
	GB-12	WINFRITH SGHWR	SGHWR	318	100	92	UKAEA	ICI/UE	1963-5	1967-12	1968-1	1990-9
UKRAINE	UA-25	CHERNOBYL-1	LWGR	3200	800	740	MTE	FAEA	1970-3	1977-9	1978-9	1996-11
	UA-26	CHERNOBYL-2	LWGR	3200	1000	925	MTE	FAEA	1973-2	1978-12	1979-5	1991-10
	UA-42	CHERNOBYL-3	LWGR	3200	1000	925	MTE	FAEA	1976-2	1981-12	1982-6	2000-12
	UA-43	CHERNOBYL-4	LWGR	3200	1000	925	MTE	FAEA	1979-4	1983-12	1984-3	1986-4
USA	US-155	BIG ROCK POINT	BWR	240	71	67	CPC	GE	1960-5	1962-12	1963-3	1997-8
	US-014	BONUS	BWR	50	18	17	DOE/PRWR	GNEPRWRA	1960-1	1964-8	1965-9	1968-6
	US-144	CVTR	PHWR	65	19	17	CVPA	WH	1960-1	1963-12	NA	1967-1
	US-10	DRESDEN-1	BWR	700	207	197	EXELON	GE	1956-5	1960-4	1960-7	1978-10
	US-011	ELK RIVER	BWR	58	24	22	RCPA	AC	1959-1	1963-8	1964-7	1968-2
	US-16	ENRICO FERMI-1	FBR	200	65	61	DETED	UEC	1956-8	1966-8	NA	1972-11
	US-267	FORT ST. VRAIN	HTGR	842	342	330	PSCC	GA	1968-9	1976-12	1979-7	1989-8
	US-018	GE VALLECITOS	BWR	50	24	24	GE	GE	1956-1	1957-10	1957-10	1963-12
	US-213	HADDAM NECK	PWR	1825	603	560	CYAPC	WH	1964-5	1967-8	1968-1	1996-12
	US-077	HALLAM	X	256	84	75	AEC/NPPD	GE	1959-1	1963-9	1963-11	1964-9
	US-133	HUMBOLDT BAY	BWR	220	65	63	PGE	GE	1960-11	1963-4	1963-8	1976-7
	US-013	INDIAN POINT-1	PWR	615	277	257	ENTERGY	B&W	1956-5	1962-9	1962-10	1974-10
	US-409	LACROSSE	BWR	165	55	48	DPC	AC	1963-3	1968-4	1969-11	1987-4
	US-309	MAINE YANKEE	PWR	2630	900	860	MYAPC	CE	1968-10	1972-11	1972-12	1997-8

50

TABLE 16. REACTORS PERMANENTLY SHUT DOWN, 31 DEC. 2008 — continued

Country	Reactor		Type	Capacity [MW]			Operator	NSSS Supplier	Construction Start	Grid Connection	Commercial Operation	Shut Down
	Code	Name		Thermal	Gross	Net						
USA	US -245	MILLSTONE-1	BWR	2011	684	641	DOMIN	GE	1966-5	1970-11	1971-3	1998-7
	US -130	PATHFINDER	BWR	0	63	59	NUCMAN	AC	1959-1	1966-7	NA	1967-10
	US -171	PEACH BOTTOM-1	HTGR	115	42	40	EXELON	GA	1962-2	1967-1	1967-6	1974-11
	US -012	PIQUA	X	46	12	12	CofPiqua	GE	1960-1	1963-7	1963-11	1966-1
	US -312	RANCHO SECO-1	PWR	2772	917	873	SMUD	B&W	1969-4	1974-10	1975-4	1989-6
	US -206	SAN ONOFRE-1	PWR	1347	456	436	SCE	WH	1964-5	1967-7	1968-1	1992-11
	US -146	SAXTON	PWR	24	3	3	SNEC	GE	1960-1	1967-3	1967-3	1972-5
	US -001	SHIPPINGPORT	PWR	236	68	60	DOE DUQU	WH	1954-1	1957-12	1958-5	1982-10
	US -322	SHOREHAM	BWR	2436	849	820	LIPA	GE	1972-11	1986-8	NA	1989-5
	US -320	THREE MILE ISLAND-2	PWR	2772	959	880	GPU	B&W	1969-11	1978-4	1978-12	1979-3
	US -344	TROJAN	PWR	3411	1155	1095	PORTGE	WH	1970-2	1975-12	1976-5	1992-11
	US -29	YANKEE NPS	PWR	600	180	167	YAEC	WH	1957-11	1960-11	1961-7	1991-10
	US -295	ZION-1	PWR	3250	1085	1040	EXELON	WH	1968-12	1973-6	1973-12	1998-1
	US -304	ZION-2	PWR	3250	1085	1040	EXELON	WH	1968-12	1973-12	1974-9	1998-1

Status as of 31 December 2008, 120 reactors (35621 MW(e)) are permanently shut down.

TABLE 17. REACTORS IN DECOMMISSIONING PROCESS OR DECOMMISSIONED, 31 Dec.2008

Country	Reactor Code	Name	Shut	Shutdown reason	Decom.	Current decom.	Current Fuel	Decom.	License
BELGIUM	BE-1	BR-3	1987-6	2,5	Imdte.dism.	4,9	4	CEN/SCK	
BULGARIA	BG-1	KOZLODUY-1	2002-12	Others	Dd+PD+SE	1,5,6	2,3,6	E-00707	2036
	BG-2	KOZLODUY-2	2002-12	Others	Dd+PD+SE	1,5,6	2,3,6	E-00613	2036
	BG-3	KOZLODUY-3	2006-12	Others	Dd+PD+SE	1		E-00174	2036
	BG-4	KOZLODUY-4	2006-12	Others	Dd+PD+SE	1		E-0008	2036
CANADA	CA-1	ROLPHTON NPD	1987-8	2	Dd+SE	8		AECL	
	CA-2	DOUGLAS POINT	1984-5	2	Dd+PD+SE	8	7	AECL	
	CA-3	GENTILLY-1	1977-6	2	Dd+PD+SE	8	7	AECL	
FRANCE	FR-2	CHINON-A1	1973-4	1,2	Imdte.dism.	1		EDF	
	FR-24	SUPER-PHENIX	1998-12	Others	Imdte.dism.	6	3,6	NERSA	2019
	FR-5	CHOOZ-A (ARDENNES)	1991-10	Others	Imdte.dism.	4,9		SENA	2015
	FR-6	EL-4 (MONTS D'ARREE)	1985-7	1,2	Imdte.dism.	9		EDF	2014
	FR-9	BUGEY-1	1994-5	1,2	Imdte.dism.	6,9		EDF	2020
GERMANY	DE-10	STADE (KKS)	2003-11	2	Imdte.dism.	3,4,6		E.ON	2014
	DE-4	AVR JUELICH (AVR)	1988-12	7	Imdte.dism.	3		xxxx	
	DE-501	RHEINSBERG (KKR)	1990-6	1	Imdte.dism.	3,9	4	G 01 KKR	
	DE-502	GREIFSWALD-1 (KGR 1)	1990-2	3,6,7	Imdte.dism.	3,9	4	G 01	
	DE-503	GREIFSWALD-2 (KGR 2)	1990-2	3,6,7	Imdte.dism.	3		G 01	
	DE-504	GREIFSWALD-3 (KGR 3)	1990-2	3,6	Imdte.dism.	3	3	G 01	
	DE-505	GREIFSWALD-4 (KGR 4)	1990-7	3,5,7	Imdte.dism.	3	3	G 01	
	DE-506	GREIFSWALD-5 (KGR 5)	1989-11	3,6,7	Imdte.dism.	1,3	3	G 01	
	DE-9	WUERGASSEN (KWW)	1994-8	2	Imdte.dism.	3,4,6		E.ON	2014
ITALY	IT-1	LATINA	1987-12	7,Others	Imdte.dism.	6		SOGIN	2020
	IT-2	GARIGLIANO	1982-3	3,4,Others	Imdte.dism.	3,6		SOGIN	2015
	IT-3	ENRICO FERMI (TRINO)	1990-7	7,Others	Imdte.dism.	3,4,6	3,7	SOGIN	2014
	IT-4	CAORSO	1990-7	7,Others	Imdte.dism.	3,6,7	3,7	SOGIN	2016
JAPAN	JP-2	TOKAI-1	1998-3	2	Dd+PD+SE	1,5		JAPCO	2018
	JP-20	FUGEN ATR	2003-3	2	Dd+SE	1,5,6	2,5	JAEA	2029
KZ-10		BN-350	1999-4	2,5	Dd+PD+SE	2	3,6	MAEC-KAZ	
LITHUANIA	LT-46	IGNALINA-1	2004-12	Others	Imdte.dism.	7	1	planed	2105
	NL-1	DODEWAARD	1997-3	2,Others	Dd+SE			BV GKN	2050

TABLE 17. REACTORS IN DECOMMISSIONING PROCESS OR DECOMMISSIONED, 31 Dec.2008 — continued

Country	Reactor Code	Name	Shut	Shutdown reason	Decom.	Current decom.	Current Fuel	Decom.	License
SLOVAKIA	SK-1	BOHUNICE A1	1977-2	4	Dd+PD+SE	3,6		JAVYS	
	SK-2	BOHUNICE-1	2006-12	7	Imdte.dism.	2	1,2,3,6	JAVYS	
	SK-3	BOHUNICE-2	2008-12	7	Imdte.dism.			JAVYS	
SPAIN	ES-1	JOSE CABRERA-1 (ZORITA)	2006-4	Others	Imdte.dism.	2	3,7	UFG	2015
	ES-3	VANDELLOS-1	1990-7	4	Dd+PD+SE	8		ENRESA	2032
SWEDEN	SE-1	AGESTA	1974-6	2,3	Dd+SE	7		BKAB	
	SE-6	BARSEBACK-1	1999-11	Others	Other		4	BKAB	2025
	SE-8	BARSEBACK-2	2005-5	Others	Other		4	BKAB	2025
UK	GB-10A	SIZEWELL-A1	2006-12	2,8	Dd+SE	2	5	Magnox S	2110
	GB-10B	SIZEWELL-A2	2006-12	2,8	Dd+SE	2	5	Magnox S	2110
	GB-12	WINFRITH SGHWR	1990-9	Others	Imdte.dism.	3,4,9,10		UKAEA	2019
	GB-14	DOUNREAY DFR	1977-3	Others	Dd+PD+SE	2,5		DSR	2333
	GB-15	DOUNREAY PFR	1994-3	Others	Dd+PD+SE	5	5	Magnox N	2333
	GB-1A	CALDER HALL 1	2003-3	2,8	Dd+PD+SE	2,3,5,6	5	SL	2117
	GB-1B	CALDER HALL 2	2003-3	2,8	Dd+PD+SE	2,3,5,6	5	SL	2117
	GB-1C	CALDER HALL 3	2003-3	2,8	Dd+PD+SE	2,3,5,6	5	SL	2117
	GB-1D	CALDER HALL 4	2003-3	2,8	Dd+PD+SE	2,3,5,6	5	SL	2117
	GB-2A	CHAPELCROSS 1	2004-6	2,8	Dd+PD+SE	2	5	Magnox N	2128
	GB-2B	CHAPELCROSS 2	2004-6	2,8	Dd+PD+SE	2	5	Magnox N	2128
	GB-2C	CHAPELCROSS 3	2004-6	2,8	Dd+PD+SE	2	5	Magnox N	2128
	GB-2D	CHAPELCROSS 4	2004-6	2,8	Dd+PD+SE	2	5	Magnox N	2128
	GB-3A	BERKELEY 1	1989-3	2,8	Dd+SE	3,5,6		Magnox S	2083
	GB-3B	BERKELEY 2	1988-10	2,8	Dd+SE	3,5,6		Magnox S	2083
	GB-4A	BRADWELL 1	2002-3	2,8	Dd+SE	3,5,6		Magnox S	2104
	GB-4B	BRADWELL 2	2002-3	2,8	Dd+SE	3,5,6		Magnox S	2104
	GB-5	WINDSCALE AGR	1981-4	Others	Dd+PD+SE	2,3,5,6		SL	2065
	GB-6A	HUNTERSTON-A1	1990-3	2,8	Dd+PD+SE	3,5,6		Magnox N	2090
	GB-6B	HUNTERSTON-A2	1989-12	2,8	Dd+PD+SE	3,5,6		Magnox N	2090
	GB-7A	HINKLEY POINT-A1	2000-5	2,8	Dd+PD+SE	3,5,6		Magnox S	2104
	GB-7B	HINKLEY POINT-A2	2000-5	2,8	Dd+PD+SE	3,5,6		Magnox S	2104
	GB-8A	TRAWSFYNYDD 1	1991-2	2,8	Dd+PD+SE	3,5,6		Magnox N	2098
	GB-8B	TRAWSFYNYDD 2	1991-2	2,8	Dd+PD+SE	3,5,6		Magnox N	2098

TABLE 17. REACTORS IN DECOMMISSIONING PROCESS OR DECOMMISSIONED, 31 Dec.2008 — continued

Country	Reactor Code	Name	Shut	Shutdown reason	Decom.	Current decom.	Current Fuel	Decom.	License
UK	GB -9A	DUNGENESS-A1	2006-12	2,8	Dd+PD+SE	2	5	Magnox S	2111
	GB -9B	DUNGENESS-A2	2006-12	2,8	Dd+PD+SE	2	5	Magnox S	2111
USA	US -012	PIQUA	1966-1	1	in situ disp.	11		ColPiqua	
	US -10	DRESDEN-1	1978-10	6	Dd+SE	11		EXELON	2005
	US -133	HUMBOLDT BAY	1976-7	5	Dd+PD+SE	3,4,6	7	PGE	
	US -16	ENRICO FERMI-1	1972-11	4	Dd+SE	9,11		DETED	
	US -171	PEACH BOTTOM-1	1974-11	1	Dd+SE	1		EXELON	
	US -206	SAN ONOFRE-1	1992-11	Others	Dd+PD+SE	4,9,11		SCE	
	US -213	HADDAM NECK	1996-12	6	Dd+PD+SE	4,6,11		CYAPC	
	US -245	MILLSTONE-1	1998-7	6	Imdte.dism.		7	DOMIN	
	US -29	YANKEE NPS	1991-10	5,7	Dd+PD+SE	4,6		YAEC	1997
	US -295	ZION-1	1998-1	5,6	Dd+PD+SE	1		COMMED	2000
	US -304	ZION-2	1998-1	5,6	Imdte.dism.	1		MYAPC	
	US -309	MAINE YANKEE	1997-8	6	Dd+PD+SE	4,11		SMUD	2008
	US -312	RANCHO SECO-1	1989-6	5,6	Dd+PD+SE	9,11		GPU	
	US -320	THREE MILE ISLAND-2	1979-3	4	Dd+SE	11	4	PORTGE	2011
	US -344	TROJAN	1992-11	6	Dd+PD+SE	11			

TABLE 17. DEFINITIONS FOR REACTORS IN DECOMMISSIONING PROCESS OR DECOMMISSIONED

Shutdown reason	Description
1	The technology or process being used became obsolete
2	The process was no longer profitable
3	There were changes in licensing requirements
4	After an operating incident
5	Other technological reasons
6	Other economical reasons
7	Public acceptance reasons
undefined	Others

Decommissioning strategy	Description
Imdte.dism.	Immediate dismantling and removal of all radioactive materials
Dd+SE	Deferred dismantling, placing all radiological areas into safe enclosure
Dd+PD+SE	Deferred dismantling, including partial dismantling and placing remaining radiological areas into safe enclosure
in situ disp.	In situ disposal, involving encapsulation of radioactive materials and subsequent restriction of access
undefined	Other

Current decommissioning phase	Description
1	Drawing up the Final Decommissioning Plan
2	Reactor core defuelling
3	Waste conditioning on site (Only for Decommissioning waste)
4	Waste shipment off site (Only for Decommissioning waste)
5	Safe enclosure preparation
6	Partial dismantling
7	Active safe enclosure period
8	Passive safe enclosure period
9	Final dismantling
10	Final survey
11	Licence terminated (Legal act at the end of the Decommissioning process)

Fuel Management	Description
1	Transfer to at reactor facility
2	Transfer to away from reactor facility
3	Storage in an on-site facility
4	Storage in an off-site facility
5	Shipment to a reprocessing plant
6	Under water storage
7	Dry storage
8	Encapsulation

TABLE 18. PERFORMANCE FACTORS BY REACTOR CATEGORY, 2006 to 2008

Reactor Category	Number of Units	Reactors reporting to IAEA PRIS (see note)					
		Availability Factor (EAF) %	Planned Cap.Loss Factor (PCL) %	Capability Factor (UCF) %	Forced Loss Rate (FLR) %	Operating Factor (OF) %	Load Factor (LF) %
PWR	269	84.14	11.32	85.00	2.60	85.63	83.44
PWR < 600 MWe	52	83.23	12.92	84.67	1.59	85.05	82.28
PWR >= 600 MWe	217	84.23	11.16	85.04	2.69	85.76	83.55
BWR	94	77.37	15.50	78.69	5.39	78.11	77.03
BWR < 600 MWe	14	65.11	26.75	65.65	4.20	68.57	65.91
BWR >= 600 MWe	80	78.30	14.65	79.67	5.46	79.77	77.87
PHWR	44	78.72	10.47	83.06	6.13	78.35	78.15
PHWR < 600 MWe	24	60.86	13.70	72.75	13.46	69.63	59.50
PHWR >= 600 MWe	20	87.89	8.80	88.38	2.63	88.85	87.78
LWGR	16	73.37	22.55	74.71	1.55	77.08	73.86
LWGR < 600 MWe	4	51.43	17.37	81.77	0.02	78.54	27.68
LWGR >= 600 MWe	12	73.46	22.57	74.69	1.56	76.60	74.05
GCR	22	58.22	15.72	58.52	21.63	65.03	58.12
FBR	2	73.10	22.11	73.47	2.26	67.30	73.04
TOTAL	447	81.26	12.70	82.43	3.83	82.02	80.70

Note: 2008 is the latest year for which operating experience data is currently available to the IAEA.
— Reactors permanently shut down during 2006 to 2008 (9 units) are considered.

TABLE 19. FULL OUTAGE STATISTICS DURING 2008

Reactor Type	Number of Units In the World	Full Outage Hours per Operating Experience Year	% Planned Outages	% Unplanned Outages	% External Outages
PWR	264	1306	75.8	23.1	1.1
PWR < 600 MWe	47	1397	91.8	7.0	1.2
PWR >= 600 MWe	217	1286	72.0	26.9	1.1
BWR	94	2152	81.6	17.9	0.5
BWR < 600 MWe	14	2659	92.7	6.2	1.1
BWR >= 600 MWe	80	2063	79.1	20.6	0.3
PHWR	44	2079	65.7	26.6	7.7
PHWR < 600 MWe	24	2790	58.9	30.9	10.2
PHWR >= 600 MWe	20	1227	84.3	15.0	0.7
LWGR	16	1996	88.0	8.3	3.7
LWGR < 600 MWe	4	2005	74.8	12.0	13.2
LWGR >= 600 MWe	12	1993	92.5	7.0	0.5
GCR	18	3905	40.1	59.9	0.0
FBR	2	2732	64.5	33.2	2.3
ALL REACTORS	438	1704	73.2	25.0	1.8

Note: 2008 is the latest year for which outage information is currently available to the IAEA.
— Reactors shut down during 2008 (1 unit) are considered.

TABLE 20. DIRECT CAUSES OF FULL OUTAGES DURING 2008

Direct Outage Cause	Planned Full Outages Energy Lost GW(e).h	Planned Full Outages Energy Lost %	Planned Full Outages Time Lost Hours	Planned Full Outages Time Lost %	Unplanned Full Outages Energy Lost GW(e).h	Unplanned Full Outages Energy Lost %	Unplanned Full Outages Time Lost Hours	Unplanned Full Outages Time Lost %
Plant equipment problem/failure	996	0.23	1164	0.22	122166	77.23	145675	72.82
Refuelling without a maintenance	10830	2.47	11151	2.08	1312	0.83	2736	1.37
Inspection, maintenance or repair combined with refuelling	305196	69.73	365855	68.08	4236	2.68	5987	2.99
Inspection, maintenance or repair without refuelling	107949	24.66	124034	23.08	3834	2.42	7656	3.83
Testing of plant systems or components	750	0.17	946	0.18	829	0.52	1649	0.82
Major back-fitting, refurbishment or upgrading activities with refuelling	10284	2.35	24596	4.58	595	0.38	624	0.31
Nuclear regulatory requirements					9304	5.88	11962	5.98
Grid limitation, failure or grid unavailability					1161	0.73	4180	2.09
Load-following (frequency control, reserve shutdown due to reduced energy demand)					1677	1.06	2797	1.40
Human factor related					9625	6.08	9945	4.97
Governmental requirements or court decisions					98	0.06	128	0.06
Environmental conditions (lack of cooling water due to dry weather, cooling water temperature limits, flood, storm, lightning, etc.)					1524	0.96	1734	0.87
Fire					6	0.01	13	0.01
External restrictions on supply and services					1206	0.76	4446	2.22
Fuel management limitation (including high flux tilt, stretch out or coast-down operation)	873	0.20	859	0.16				
Security and access control and other preventive shutdown due to external threads					29	0.02	62	0.03
Others	790	0.18	8784	1.63	582	0.37	443	0.22
TOTAL	437668	100.00	537389	100.00	158184	100.00	200037	100.00

Only reactors which have achieved full commercial operation in or before 2008 are counted.

TABLE 21. DIRECT CAUSES OF FULL OUTAGES, 1971 TO 2008

Direct Outage Cause	Planned Full Outages Energy Lost GW(e).h	%	Planned Full Outages Time Lost Hours	%	Unplanned Full Outages Energy Lost GW(e).h	%	Unplanned Full Outages Time Lost Hours	%
Plant equipment problem/failure	18441	0.16	26137	0.17	3355169	70.54	4492736	72.75
Refuelling without a maintenance	59687	0.52	67220	0.44	82430	1.73	108270	1.75
Inspection, maintenance or repair combined with refuelling	9246326	80.00	11512208	75.26	88041	1.85	113231	1.83
Inspection, maintenance or repair without refuelling	1777385	15.38	3000493	19.61	29434	0.62	37930	0.61
Testing of plant systems or components	80402	0.70	104729	0.68	35362	0.74	55392	0.90
Major back-fitting, refurbishment or upgrading activities with refuelling	78255	0.68	157916	1.03	2949	0.06	3112	0.05
Nuclear regulatory requirements	84187	0.73	170184	1.11	335424	7.05	393376	6.37
Grid limitation, failure or grid unavailability	26		122		44280	0.93	102628	1.66
Load-following (frequency control, reserve shutdown due to reduced energy demand)	201625	1.74	207874	1.36	611698	12.86	667686	10.81
Human factor related	181		176		48614	1.02	53744	0.87
Governmental requirements or court decisions	2		6		3490	0.07	6036	0.10
Environmental conditions (lack of cooling water due to dry weather, cooling water temperature limits, flood, storm, lightning, etc.)					38414	0.81	39732	0.64
Fire					3582	0.08	3815	0.06
External restrictions on supply and services	105		188		2489	0.05	6286	0.10
Fuel management limitation (including high flux tilt, stretch out or coast-down operation)	3395	0.03	3364	0.02	1101	0.02	1818	0.03
Security and access control and other preventive shutdown due to external threads					29		62	
Others	7397	0.06	36834	0.24	73871	1.55	89945	1.46
TOTAL	11557414	100.00	15287431	100.00	4756377	100.00	6175799	100.00

Only reactors which have achieved full commercial operation in or before 2008 are counted.

TABLE 22. COUNTRIES - Abbreviations and Summary

Country Code	Full Name	Number of Reactors, as of 31 Dec. 2008			
		Operational	Construction	LT Shut Down	Shut Down	Planned
AM	ARMENIA	1			1	
AR	ARGENTINA	2	1			
BE	BELGIUM	7			1	
BG	BULGARIA	2	2		4	
BR	BRAZIL	2				1
CA	CANADA	18		4		
CH	SWITZERLAND	5			3	
CN	CHINA	11	11			24
CZ	CZECH REPUBLIC	6				
DE	GERMANY	17			19	
ES	SPAIN	8			2	
FI	FINLAND	4	1			
FR	FRANCE	59	1		11	
GB	UNITED KINGDOM	19			26	
HU	HUNGARY	4				
IN	INDIA	17	6			
IR	IRAN, ISLAMIC REPUBLIC OF		1			3
IT	ITALY				4	
JP	JAPAN	55	2	1	3	11
KR	KOREA, REPUBLIC OF	20	5			3
KZ	KAZAKHSTAN				1	
LT	LITHUANIA, REPUBLIC OF				1	
MX	MEXICO	2				
NL	NETHERLANDS	1			1	
PK	PAKISTAN	2	1			
RO	ROMANIA	2				
RU	RUSSIAN FEDERATION	31	8		5	4
SE	SWEDEN	10			3	
SI	SLOVENIA	1				
SK	SLOVAK REPUBLIC	4			3	

TABLE 22. COUNTRIES - Abbreviations and Summary — continued

| Country Code | Full Name | Number of Reactors, as of 31 Dec. 2008 ||||
		Operational	Construction	LT Shut Down	Shut Down	Planned
TR	TURKEY					1
UA	UKRAINE	15	2		4	
US	UNITED STATES OF AMERICA	104	1		28	
ZA	SOUTH AFRICA	2				
TOTAL		438	44	5	120	47

Note: The total includes the following data from Taiwan, China:
— 6 units in operation; 2 units under construction.

TABLE 23. REACTOR TYPES - Abbreviations and Summary

| Type Code | Full Name | Number of Reactors, as of 31 Dec. 2008 ||||
		Operational	Construction	LT Shut Down	Shut Down	Planned
BWR	Boiling Light-Water-Cooled and Moderated Reactor	94	3		21	9
FBR	Fast Breeder Reactor	2	2	1	6	
GCR	Gas-Cooled, Graphite-Moderated Reactor	18			34	
HTGR	High-Temperature Gas-Cooled, Graphite-Moderated Reactor				4	
HWGCR	Heavy-Water-Moderated, Gas-Cooled Reactor				3	
HWLWR	Heavy-Water-Moderated, Boiling Light-Water-Cooled Reactor				2	
LWGR	Light-Water-Cooled, Graphite-Moderated Reactor	16	1		8	
PHWR	Pressurized Heavy-Water-Moderated and Cooled Reactor	44	4	4	5	
PWR	Pressurized Light-Water-Moderated and Cooled Reactor	264	34		34	38
SGHWR	Steam-Generating Heavy-Water Reactor				1	
X	Others				2	
TOTAL		438	44	5	120	47

TABLE 24. OPERATORS - Abbreviations and Summary

Operator Code	Full Name	Operational	Construction	LT Shut Down	Shut Down	Planned
AEC/NPPD	HALLAM NUCLEAR POWER FACILITY				1	
ALP	ALABAMA POWER CO.	2				
AMERGEN	AMERGEN ENERGY CO.	1				
AMERGENE	AMERGEN ENERGY GENERATING CO.	3				
ANAV	ASOCIACION NUCLEAR ASCO-VANDELLOS A.I.E. (ENDESA/ID)	3				
ANPP/JSC	JOINT STOCK COMPANY ARMENIAN NPP	1			1	
AVR	ARBEITSGEMEINSCHAFT VERSUCHSREAKTOR GMBH				1	
AZPSCO	ARIZONA PUBLIC SERVICE CO.	3				
BE	BRITISH ENERGY	15				
BHAVINI	BHARATIYA NABHIKIYA VIDYUT NIGAM LIMITED		1			
BKAB	BARSEBACK KRAFT AB				3	
BKW	BKW ENERGIE AG	1				
BRUCEPOW	BRUCE POWER	6		2		
BV GKN	BV GEMEENSCHAPPELIJKE KERNENERGIECENTRALE NEDERLAND (BV GKN)	1				
CCNPP	CALVERT CLIFFS NUCLEAR POWER PLANT INC.	3			1	
CEA/EDF	COMMISSARIAT À L'ENERGIE ATOMIQUE (80%)/ELECTRICITÉ DE FRANCE (20%)	1				
CEN/SCK	CENTRE D'ETUDE DE L'ENERGIE NUCLEAIRE / STUDIECENTRUM VOOR KERNENERGIE				1	
CEZ	CZECH POWER COMPANY , CEZ A.S.	6				
CFE	COMISION FEDERAL DE ELECTRICIDAD	2				
CHUBU	CHUBU ELECTRIC POWER CO.,INC.	5				
CHUGOKU	THE CHUGOKU ELECTRIC POWER CO.,INC.	2	1			
CNAT	CENTRALES NUCLEARES ALMARAZ-TRILLO(ID/JUF/GENDESA/HC/NUCLENOR)	3				2
CofPiqua	CITY OF PIQUA GOVERNMENT				1	
COGEMA	COMPAGNIE GENERALE DES MATIERES NUCLEAIRES				2	
CONSENEC	CONSUMERS ENERGY CO.	1				
CPC	CONSUMERS POWER CO.				1	
CVPA	CAROLINAS-VIRGINIA NUCLEAR POWER ASSOC.				1	
CYAPC	CONNECTICUT YANKEE ATOMIC POWER CO.				1	
DETED	DETROIT EDISON CO.				1	
DOE DUQU	DEPARTMENT OF ENERGY AND DUQUESNE LIGHT CO.	1				

TABLE 24. OPERATORS - Abbreviations and Summary — continued

Operator Code	Full Name	Operational	Construction	LT Shut Down	Shut Down	Planned
DOE/PRWR	DOE & PUERTO RICO WATER RESOURCES				1	
DOMENGY	DOMINION ENERGY KEWAUNEE	1				
DOMIN	DOMINION VIRGINIA POWER	2				1
DPC	DAIRYLAND POWER COOPERATIVE				1	
DUKE	DUKE POWER CO.	7				1
E.ON	E.ON KERNKRAFT GMBH	5				
EA	JSC CONCERN ENERGOATOM	31	8			
EDF	ELECTRICITE DE FRANCE	58	1		8	4
ELECTRAB	ELECTRABEL M. V. NUCLEAIRE PRODUKTIE	7				
ELETRONU	ELETROBRAS TERMONUCLEAR SA - ELETRONUCLEAR	2				1
EnBW	ENBW KRAFTWERKE AG					
ENERGYNW	ENERGY NORTWEST	1			1	
EnKK	ENBW KERNKRAFT GMBH(SITZ IN OBRIGHEIM)	4				
ENTERGY	ENTERGY NUCLEAR	8				
ENTGARKS	ENTERGY ARKANSAS, INC.	1			1	
ENTGS	ENTERGY GULF STATES INC.	1				
EPZ	N.V. ELEKTRICITEITS-PRODUKTIEMAATSCHAPPIJ ZUID-NEDERLAND	1				
ESKOM	ESKOM	2				
EWN	ENERGIEWERKE NORD GMBH				6	
EXELON	EXELON GENERATION	14			4	
FENOC	FIRST ENERGY NUCLEAR OPERATING CO.	4				
FKA	FORSMARK KRAFTGRUPP AB	3				
FORTUMPH	FORTUM POWER AND HEAT OY (FORMER IVO)	2				
FPL	FLORIDA POWER & LIGHT CO.	5				
FPLDUANE	FPL ENERGY DUANE ARNOLD	1				
Fuqing	FUQING NUCLEAR POWER LIMITED COMPANY					
GE	GENERAL ELECTRIC			1		1
GNP/JVC	GUANDONG NUCLEAR POWER JOINT VENTURE COMPANY LIMITED(GNPJVC)					
GPU	GENERAL PUBLIC UTILITIES	2			1	
HDR	HEISSDAMPFREAKTOR-BETRIEBSGESELLSCHAFT MBH.				1	
HEPCO	HOKKAIDO ELECTRIC POWER CO. INC.	2	1			

63

TABLE 24. OPERATORS - Abbreviations and Summary — continued

Operator Code	Full Name	Operational	Construction	LT Shut Down	Shut Down	Planned
HIFRENSA	HISPANO-FRANCESA DE ENERGIA NUCLEAR, S.A.				1	
HKG	HOCHTEMPERATUR-KERNKRAFTWERK GMBH				1	
HOKURIKU	HOKURIKU ELECTRIC POWER CO.	2				1
HONGYANH	HONGYANHE NUCLEAR POWER COMPANY					
HQ	HYDRO QUEBEC	1			1	
ID	IBERDROLA, S.A.	1				
IMPCO	INDIANA MICHIGAN POWER CO.	2				
INPP	IGNALINA NUCLEAR POWER PLANT	1			1	1
J-POWER	ELECTRIC POWER DEVELOPMENT CO.,LTD.					1
JAEA	JAPAN ATOMIC ENERGY AGENCY			1	2	
JAPCO	JAPAN ATOMIC POWER CO.	3			1	2
JAVYS	JADROVA A VYRADOVACIA SPOLOCNOST/NUCLEAR AND DECOMMISSIONING COMPANY, PLC./				3	
JNPC	JIANGSU NUCLEAR POWER CORPORATION	2				
KBG	KERNKRAFTWERK-BETRIEBSGESELLSCHAFT MBH				2	
KEPCO	KANSAI ELECTRIC POWER CO.	11				
KGB	KERNKRAFTWERKE GUNDREMMINGEN BETRIEBSGESELLSCHAFT MBH				1	
KGECO	KANSAS GAS ANE ELECTRIC CO.	1				
KGG	KERNKRAFTWERKE GUNDREMMINGEN GMBH	2			1	
KHNP	KOREA HYDRO AND NUCLEAR POWER CO.	20	5			3
KKB	KERNKRAFTWERK BRUNSBÜTTEL GMBH	1				
KKG	KERNKRAFTWERK GOESGEN-DAENIKEN AG	1				
KKK	KERNKRAFTWERK KRÜMMEL GMBH & CO. OHG	1				
KKL	KERNKRAFTWERK LEIBSTADT	1				
KKN	KERNKRAFTWERK NIEDERAICHBACH GMBH				1	
KLE	KERNKRAFTWERKE LIPPE-EMS GMBH	1				
KOZNPP	KOZLODUY NPP-PLC	2	2		4	
KWG	GEMEINSCHAFTSKERNKRAFTWERK GROHNDE GMBH & CO. OHG	1				
KWL	KERNKRAFTWERK LINGEN GMBH				1	
KYUSHU	KYUSHU ELECTRIC POWER CO.,INC.	6				
LANPC	LINGAO NUCLEAR POWER COMPANY LTD.	2	2			
LDNPC	LINGDONG NUCLEAR POWER COMPANY LTD.					

TABLE 24. OPERATORS - Abbreviations and Summary — continued

Operator Code	Full Name	Operational	Construction	LT Shut Down	Shut Down	Planned
LHNPC	LIAONING HONGYANHE NUCLEAR POWER CO. LTD. (LHNPC)		2			1
LIPA	LONG ISLAND POWER AUTHORITY				1	
MAEC-KAZ	MANGISHLAK ATOMIC ENERGY COMPLEX-KAZATOMPROM,LIMITED LIABILITY COMPANY				1	
MEL	MAGNOX ELECTRIC LIMITED	4			22	
MSM	MINISTRY OF MEDIUM MACHINE BUILDING OF THE USSR (MINSREDMASH)				5	
MTE	MINTOPENERGO OF UKRAINE - MINISTRY OF FUEL AND ENERGY OF UKRAINE				4	
MYAPC	MAINE YANKEE ATOMIC POWER CO.				1	
NASA	NUCLEOELECTRICA ARGENTINA S.A.	2	1			
NBEPC	NEW BRUNSWICK ELECTRIC POWER COMMISSION	1				
NDNPC	NINGDE NUCLEAR POWER COMPANY LTD.		2			
NEK	NUKLERANA ELEKTRARNA KRSKO	1				
NMPNSLLC	NINE MILE POINT NUCLEAR STATION, LLC	2				
NNEGC	NATIONAL NUCLEAR ENERGY GENERATING COMPANY <ENERGOATOM>	15	2			
NOK	NORDOSTSCHWEIZERISCHE KRAFTWERKE	2				
NORTHERN	NORTHERN STATES POWER CO.	2				
NPCIL	NUCLEAR POWER CORPORATION OF INDIA LTD.	17	5			
NPPD	NEBRASKA PUBLIC POWER DISTRICT	1				
NPPDCO	NUCLEAR POWER PRODUCTION & DEVELOPEMENT CO. OF IRAN		1			3
NPOJVC	NUCLEAR POWER PLANT QINSHAN JOINT VENTURE COMPANY LTD.	2	2			
NUCLENOR	NUCLENOR, S.A.	1				
NUCMAN	NUCLEAR MANAGEMENT CO.	1				
OH	ONTARIO HYDRO				1	
OKG	OKG AKTIEBOLAG	3			2	
OPG	ONTARIO POWER GENERATION	10		2		
OPPD	OMAHA PUBLIC POWER DISTRICT	1				
PAEC	PAKISTAN ATOMIC ENERGY COMMISSION	2	1			
PAKS Zrt	PAKS NUCLEAR POWER PLANT LTD	4				
PE	PREUSSENELEKTRA KERNKRAFT GMBH&CO KG				1	
PGE	PACIFIC GAS & ELECTRIC CO.	2			1	
PORTGE	PORTLAND GENERAL ELECTRIC CO.				1	
PP&L	PENNSYLVANIA POWER & LIGHT CO.	2				

TABLE 24. OPERATORS - Abbreviations and Summary — continued

Operator Code	Full Name	Operational	Construction	LT Shut Down	Shut Down	Planned
PROGENGC	PROGRESS ENERGY CAROLINAS, INC.	3				
PROGRESS	PROGRESS ENERGY CORPORATION	2				
PSCC	PUBLIC SERVICE CO. OF COLORADO				1	
PSEG	PUBLIC SERVICE ELECTRIC & GAS CO.	1				
PSEGPOWR	PSEG POWER, INC.	2				
QNPC	QINSHAN NUCLEAR POWER COMPANY	1	1			
RAB	RINGHALS AB	4				
RCPA	RURAL COOPERATIVE POWER ASSOC.				1	
RWE	RWE POWER AG	2				
SCE	SOUTHERN CALIFORNIA EDISON	2			1	
SCEG	SOUTH CAROLINA ELECTRIC & GAS CO.	1				
SE.plc	SLOVENSKÉ ELEKTRARNE, A.S.	4			1	
SENA	SOCIETE D'ENERGIE NUCLEAIRE FRANCO-BELGE DES ARDENNES				1	
SHIKOKU	SHIKOKU ELECTRIC POWER CO.,INC	3				
SMUD	SACRAMENTO MUNICIPAL UTILITY DISTRICT				1	
SNEC	SAXTON NUCLEAR EXPIRAMENTAL REACTOR CORPORATION				1	
SNN	SOCIETA TEA NATIONALA NUCLEARELECTRICA S.A.	2				
SNPC	SHANDONG NUCLEAR POWER COMPANY LTD					1
SOGIN	SOCIETA GESTIONE IMPANTI NUCLEARI S.P.A.				4	
SOUTH	SOUTHERN NUCLEAR OPERATING CO.	4				
STP	STP NUCLEAR OPERATING CO.	2				
TEAS	TEAS					1
TEPCO	TOKYO ELECTRIC POWER CO.,INC.	17				4
TOHOKU	TOHOKU ELECTRIC POWER CO.,INC	4				2
TPC	TAI POWER CO.	6	2			
TQNPC	THE THIRD QINSHAN JOINTED VENTURE COMPANY LTDA.	2				
TVA	TENNESSEE VALLEY AUTHORITY	6	1			
TVO	TEOLLISUUDEN VOIMA OY	2	1			
TXU	TXU ELECTRIC CO.	2				
UFG	UNION FENOSA GENERATION S.A.				1	
UKAEA	UNITED KINGDOM ATOMIC ENERGY AUTHORITY				4	

TABLE 24. OPERATORS - Abbreviations and Summary — continued

Operator Code	Full Name	Number of Reactors, as of 31 Dec. 2008				
		Operational	Construction	LT Shut Down	Shut Down	Planned
VAK	VERSUCHSATOMKRAFTWERK KAHL GMBH				1	
VEPCO	VIRGINIA ELECTRIC POWER CO.	4				
WEP	WISCONSIN ELECTRIC POWER CO.	2				
YAEC	YANKEE ATOMIC ELECTRIC CO.			1	1	
YJNPC	YANGJIANG NUCLEAR POWER COMPANY					
not specified						5
						15
TOTAL		438	44	5	120	47

TABLE 25. NSSS SUPPLIERS - Abbreviations and Summary

NSSS Supplier Code	Full Name	Operational	Construction	LTShut Down	Shut Down	Planned
A/FW	ASSOCIATION ACEC,FRAMATOME ET WESTINGHOUSE.	7			1	
ABBATOM	ABBATOM (FORMERLY ASEA-ATOM)				2	
AC	ALLIS CHALMERS				3	
ACECOWEN	ACECOWEN (ACEC-COCKERILL-WESTINGHOUSE)	4				
ACLF	(ACECOWEN - CREUSOT LOIRE - FRAMATOME)	1				
AECL	ATOMIC ENERGY OF CANADA LTD.	8			2	
AECL/DAE	ATOMIC ENERGY OF CANADA LTDA AND DEPARTMENT OF ATOMIC ENERGY(INDIA)	1				
AECL/DHI	ATOMIC ENERGY OF CANADA LTD./DOOSAN HEAVY INDUSTRY & CONSTRUCTION	3				
AEE	ATOMENERGOEXPORT	8				
AEG	ALLGEMEINE ELEKTRICITAETS-GESELLSCHAFT				6	
AEG,GE	ALLGEMEINE ELECTRICITAETS-GESELLSCHAFT, GENERAL ELECTRIC COMPANY (US)				1	
AEG,KWU	ALLGEMEINE ELEKTRICITAETS GESELLSCHAFT, KRAFTWERK UNION AG				1	
AMN/GETS	ANSALDO MECCANICO NUCLEARE SPA / GENERAL ELECTRIC TECHNICAL SERVICES CO				2	
APC	ATOMIC POWER CONSTRUCTION LTD.	2			2	
AREVA	AREVA, 27-29, RUE LE PELETIER, 75433 PARIS CEDEX 09URL: WWW.AREVA.COM					2
ASE	ATOMSTROYEXPORT		2			
ASEASTAL	ASEA-ATOM / STAL-LAVAL	2	5			
ASPALDO	ASPALDO				1	
AtEE	ATOMENERGOEXPORT					
B&W	BABCOCK & WILCOX CO.	2			1	
BBC	BROWN BOVERI ET CIE	7			6	
BBK	BROWN BOVERI-KRUPP REAKTORBAU GMBH	1			3	
BBR	BROWN BOVERI REAKTOR GMBH				1	
CE	COMBUSTION ENGINEERING CO.	14			1	
CEA	COMMISSARIAT A L'ENERGIE ATOMIQUE	1			1	
CGE	CANADIAN GENERAL ELECTRIC				1	
CNCLNEY	CNIM-CONSTRUCTIONS NAVALES ET INDUSTRIELLES DE MEDITERRANEE CL - CREUSOT LOI	4	3		1	
CNNC	CHINA NATIONAL NUCLEAR CORPORATION					
DFEC	DONGFANG ELECTRIC CORPORATION		9			8
DHICKAEC	DOOSAN HEAVY INDUSTRIES & CONSTRUCTION CO.LTD./KOREA ATOMICENERGY RESEARCH I	2				

TABLE 25. NSSS SUPPLIERS - Abbreviations and Summary — continued

NSSS Supplier Code	Full Name	Operational	Construction	LTShut Down	Shut Down	Planned
DHICKOPC	DOOSAN HEAVY INDUSTRIES & CONSTRUCTION CO.LTD/KOREA POWER ENGINEERING COMPA	6	5			3
EE/B&WIT	THE ENGLISH ELECTRIC CO. LTD / BABCOCK & WILCOX CO. / TAYLOR WOODROW CONSTRU	2			4	
EL/WEST	ELETTRONUCLEARE ITALIANA / WESTINGHOUSE ELECTRIC CORP.				1	
FAEA	FEDERAL ATOMIC ENERGY AGENCY	32			5	
FRAM	FRAMATOME	64			3	
FRAMACEC	FRAMACECO (FRAMATOME-ACEC-COCKERILL)	2				
GA	GENERAL ATOMIC CORP.				2	
GAAA	GROUPEMENT ATOMIQUE ALSACIENNE ATLANTIQUE				1	
GE	GENERAL ELECTRIC CO.	47			11	
GE.AEG	GENERAL ELECTRIC COMPANY (US), ALLGEMEINE ELEKTRICITAETS- GESELLSCHAFT		2		1	
GE/GETSC	GENERAL ELECTRIC CO. / GENERAL ELECTRIC TECHNICAL SERVICES CO	1				
GE/T	GENERAL ELECTRIC CO. / TOSHIBA CORPORATION	2				
GEC	GENERAL ELECTRIC COMPANY (UK)	2			3	
GETSCO	GENERAL ELECTRIC TECHNICAL SERVICES CO.	2				
GNEPRWRA	GENERAL NUCLEAR ENGINEERING & PUERTO RICO WATER RESOURCES AUTHORITY (US)				1	
GTM	GRANDS TRAVAUX DE MARSEILLE				1	
HITACHI	HITACHI LTD.	10		1	1	
HRB	HOCHTEMPERATUR-REAKTORBAU GMBH				1	
IA	INTERATOM INTERNATIONALE ATOMREAKTORBAU GMBH				1	
ICL/FE	INTERNATIONAL COMBUSTION LTD. / FAIREY ENGINEERING LTD.				1	
IZ	IZHORSKIYE ZAVODY	2				
KWU	SIEMENS KRAFTWERK UNION AG	20			1	
LEVIVIER	LEVIVIER				2	1
MAEC-KAZ	MAEC-KAZATOMPROMMANGISHLAK ATOMIC ENERGY COMPLEX-KAZATOMPROM,LIMITED LIABILI				1	
MAEP	MINATOMENERGOPROM, MINISTRY OF NUCLEAR POWER AND INDUSTRY	1	2			
MHI	MITSUBISHI HEAVY INDUSTRIES LTD.	19	1		1	
MSM	MINISTRY OF MEDIUM MACHINE BUILDING OF THE USSR (MINSREDMASH)					
NEI.P	NEI PARSONS	2			5	
NNC	NATIONAL NUCLEAR CORPORATION	2				
NPC	NUCLEAR POWER CO. LTD.	6				
NPCIL	NUCLEAR POWER CORPORATION OF INDIA LTD.,VIKRAM SARABHAI BHAVAN, ANUSHAKTI NAG	13	3			

TABLE 25. NSSS SUPPLIERS - Abbreviations and Summary — continued

NSSS Supplier Code	Full Name	Operational	Construction	LTShut Down	Shut Down	Planned
OH/AECL	ONTARIO HYDRO / ATOMIC ENERGY OF CANADA LTD.	14			4	
PAA	PRODUCTION AMALGAMATION /ATOMMASH', VOLGODONSK	4				
PAIP	PRODUCTION AMALGAMATION IZHORSKY PLANT ATOMMASH,VOLGODONSK,RUSSIA	11				
PPC	PWR POWER PROJECTS	1				
RDM	ROTTERDAMSE DROOGDOK MAATSCHAPPIJ (RDM) IN ROTTERDAM (NL)					4
ROSATOM	STATE ATOMIC ENERGY CORPORATION ROSATOM		8			
S/KWU	SIEMENS/KRAFTWERK UNION AG	1				
SACM	SOCIETE ALSACIENNE DE CONSTRUCTIONS MECANIQUES				2	
SIEM.KWU	SIEMENS AG. KRAFTWERK UNION AG				2	
SIEMENS	SIEMENS AG. POWER GENERATION -FRG	1	1		1	
SKODA	SKODA CONCERN NUCLEAR POWER PLANT WORKS	10			1	
T/H/F/M	TOSHIBA / HITACHI / FUJI ELECTRIC HOLDINGS / MITSUBISHI HEAVY INDUSTRIES			1		
TNPG	THE NUCLEAR POWER GROUP LTD.	6			8	
TOSHIBA	TOSHIBA CORPORATION	17				
UEC	UNITED ENGINEERS AND CONTRACTORS				1	
UKAEA	UNITED KINGDOM ATOMIC ENERGY AUTHORITY				10	
WH	WESTINGHOUSE ELECTRIC CORPORATION AND SIEMENS	71	1		10	2
WH/MHI	WESTINGHOUSE ELECTRIC CORPORATION / MITSUBISHI HEAVY INDUSTRIES LTD.	1				2
not specified				1		25
TOTAL		438	44	5	120	47

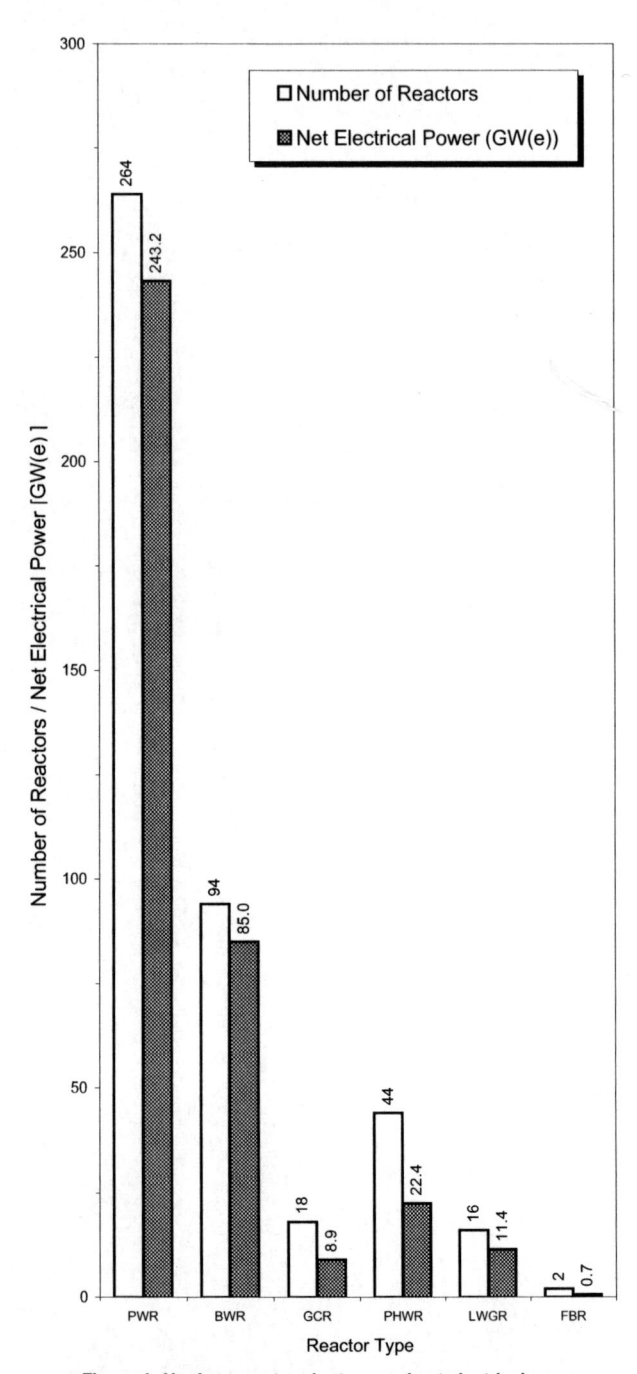

Figure 1. Nuclear reactors by type and net electrical power (as of 31 Dec. 2008)

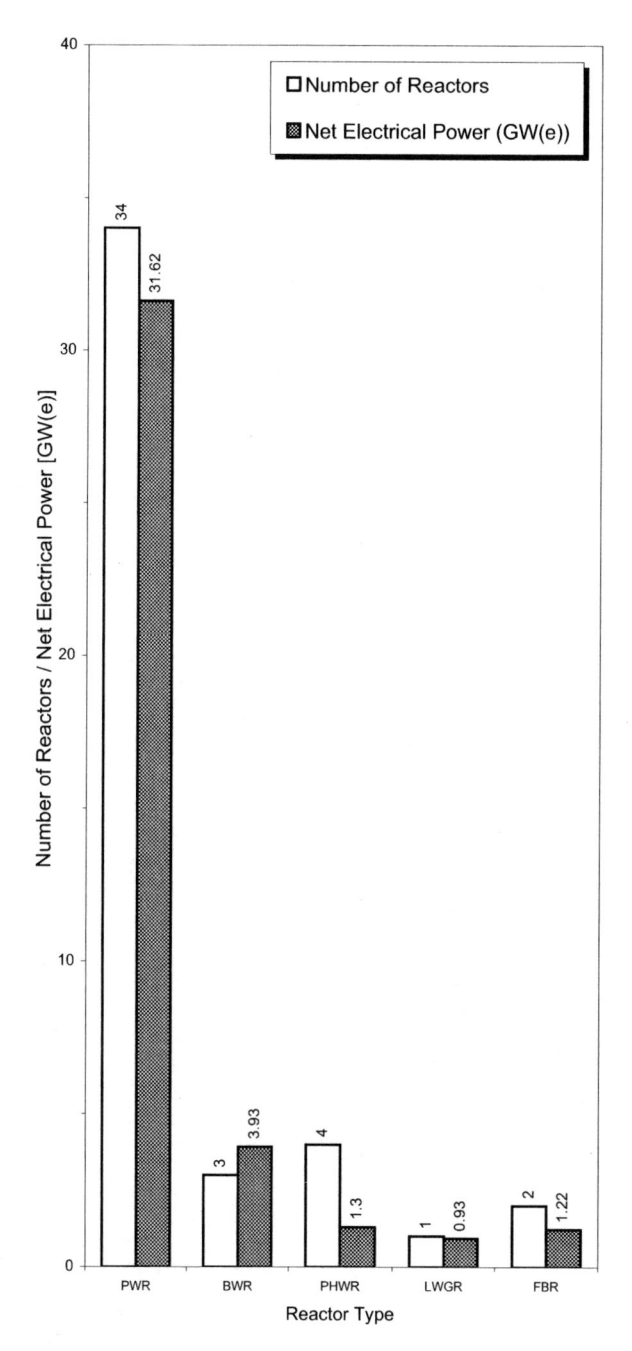

Figure 2. Reactors under construction by type and net electrical power (as of 31 Dec. 2008)

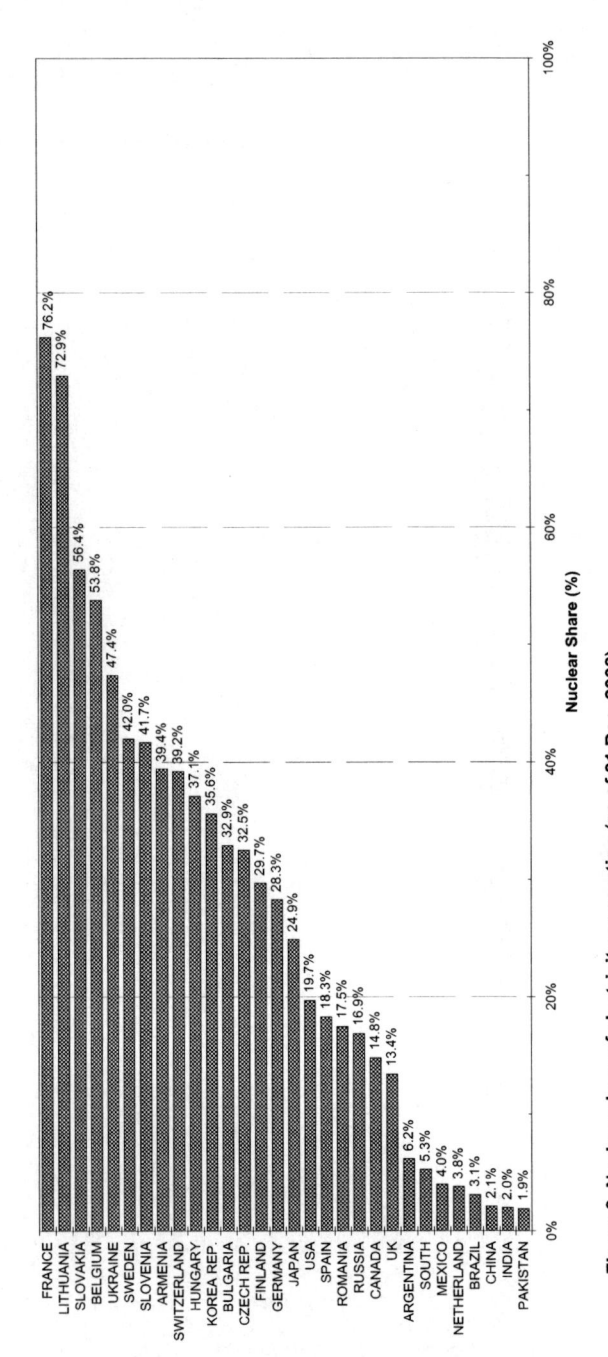

Figure 3. Nuclear share of electricity generation (as of 31 Dec. 2008)
Note: The nuclear share of electricity supplied in Taiwan, China was 19.6% of the total.

Country	Nuclear Share (%)
FRANCE	76.2%
LITHUANIA	72.9%
SLOVAKIA	56.4%
BELGIUM	53.8%
UKRAINE	47.4%
SWEDEN	42.0%
SLOVENIA	41.7%
ARMENIA	39.4%
SWITZERLAND	39.2%
HUNGARY	37.1%
KOREA REP.	35.6%
BULGARIA	32.9%
CZECH REP.	32.5%
FINLAND	29.7%
GERMANY	28.3%
JAPAN	24.9%
USA	19.7%
SPAIN	18.3%
ROMANIA	17.5%
RUSSIA	16.9%
CANADA	14.8%
UK	13.4%
ARGENTINA	6.2%
SOUTH	5.3%
MEXICO	4.0%
NETHERLAND	3.8%
BRAZIL	3.1%
CHINA	2.1%
INDIA	2.0%
PAKISTAN	1.9%

74

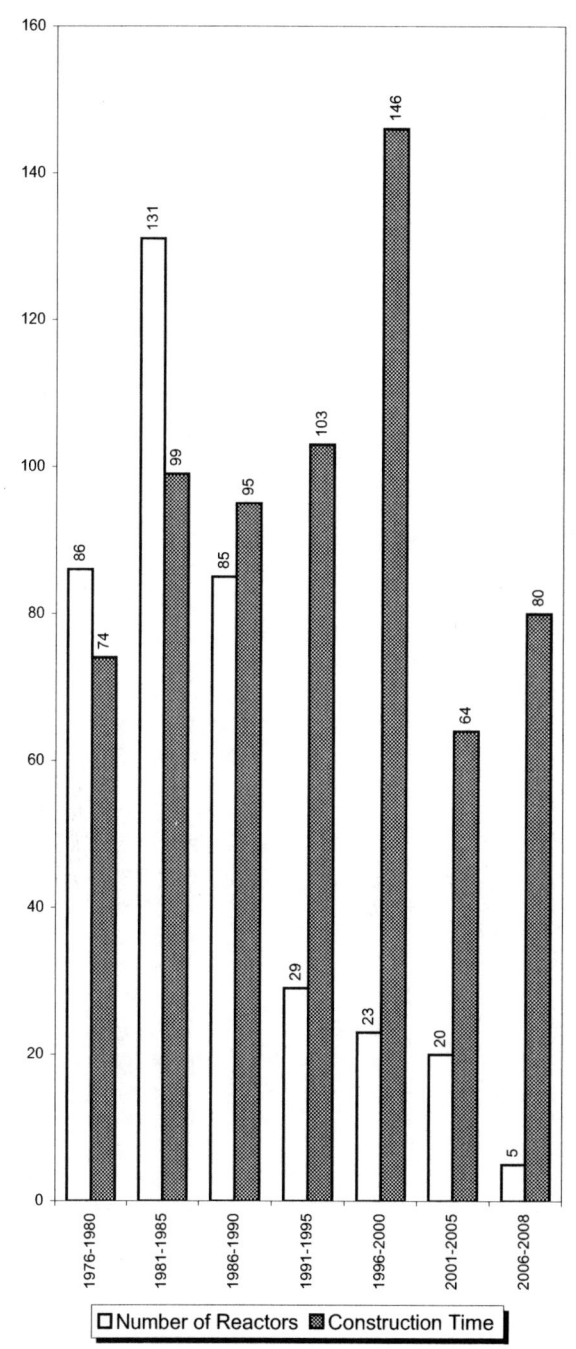

Figure 4. Worldwide median construction time span (as of 31 Dec. 2008)

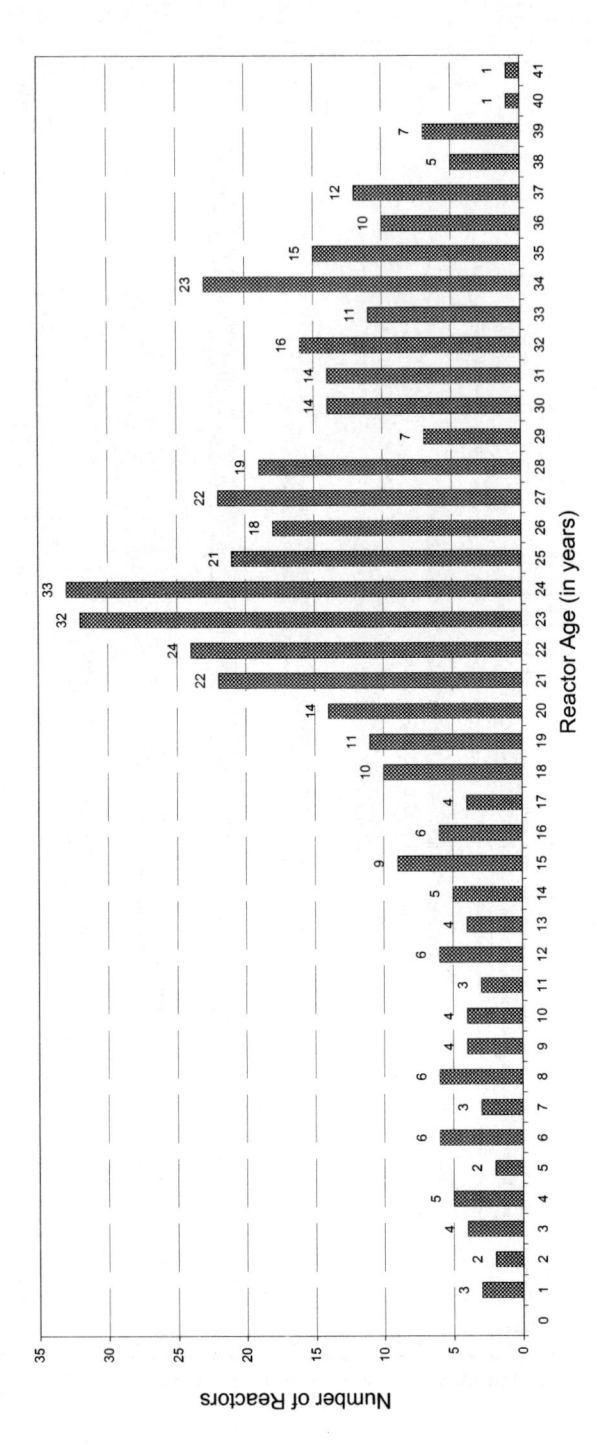

Figure 5. Number of reactors in operation by age (as of 31 Dec. 2008)

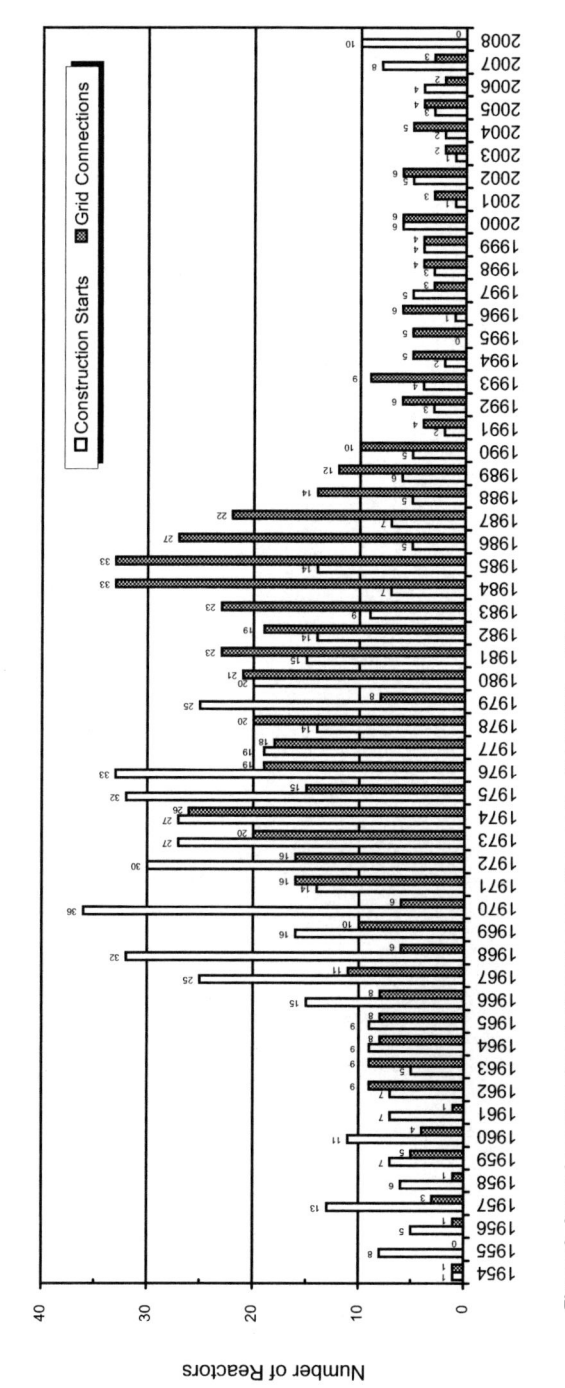

Figure 6. Annual construction starts and connections to the Grid (1954 — 2008)

77

IAEA
International Atomic Energy Agency

No. 21, July 2006

Where to order IAEA publications

In the following countries IAEA publications may be purchased from the sources listed below, or from major local booksellers. Payment may be made in local currency or with UNESCO coupons.

Australia
DA Information Services, 648 Whitehorse Road, Mitcham Victoria 3132
Telephone: +61 3 9210 7777 • Fax: +61 3 9210 7788
Email: service@dadirect.com.au • Web site: http://www.dadirect.com.au

Belgium
Jean de Lannoy, avenue du Roi 202, B-1190 Brussels
Telephone: +32 2 538 43 08 • Fax: +32 2 538 08 41
Email: jean.de.lannoy@infoboard.be • Web site: http://www.jean-de-lannoy.be

Canada
Bernan Associates, 4611-F Assembly Drive, Lanham, MD 20706-4391, USA
Telephone: 1-800-865-3457 • Fax: 1-800-865-3450
Email: order@bernan.com • Web site: http://www.bernan.com

Renouf Publishing Company Ltd., 1-5369 Canotek Rd., Ottawa, Ontario, K1J 9J3
Telephone: +613 745 2665 • Fax: +613 745 7660
Email: order.dept@renoufbooks.com • Web site: http://www.renoufbooks.com

China
IAEA Publications in Chinese: China Nuclear Energy Industry Corporation, Translation Section, P.O. Box 2103, Beijing

Czech Republic
Suweco CZ, S.R.O. Klecakova 347, 180 21 Praha 9
Telephone: +420 26603 5364 • Fax: +420 28482 1646
Email: nakup@suweco.cz • Web site: http://www.suweco.cz

Finland
Akateeminen Kirjakauppa, PL 128 (Keskuskatu 1), FIN-00101 Helsinki
Telephone: +358 9 121 41 • Fax: +358 9 121 4450
Email: akatilaus@akateeminen.com • Web site: http://www.akateeminen.com

France
Form-Edit, 5, rue Janssen, P.O. Box 25, F-75921 Paris Cedex 19
Telephone: +33 1 42 01 49 49 • Fax: +33 1 42 01 90 90 • Email: formedit@formedit.fr

Lavoisier SAS, 145 rue de Provigny, 94236 Cachan Cedex
Telephone: + 33 1 47 40 67 02 • Fax +33 1 47 40 67 02
Email: romuald.verrier@lavoisier.fr • Web site: http://www.lavoisier.fr

Germany
UNO-Verlag, Vertriebs- und Verlags GmbH, August-Bebel-Allee 6, D-53175 Bonn
Telephone: +49 02 28 949 02-0 • Fax: +49 02 28 949 02-22
Email: info@uno-verlag.de • Web site: http://www.uno-verlag.de

Hungary
Librotrade Ltd., Book Import, P.O. Box 126, H-1656 Budapest
Telephone: +36 1 257 7777 • Fax: +36 1 257 7472 • Email: books@librotrade.hu

India
Allied Publishers Group, 1st Floor, Dubash House, 15, J. N. Heredia Marg, Ballard Estate, Mumbai 400 001,
Telephone: +91 22 22617926/27 • Fax: +91 22 22617928
Email: alliedpl@vsnl.com • Web site: http://www.alliedpublishers.com

Bookwell, 2/72, Nirankari Colony, Delhi 110009
Telephone: +91 11 23268786, +91 11 23257264 • Fax: +91 11 23281315
Email: bookwell@vsnl.net

Italy
Libreria Scientifica Dott. Lucio di Biasio "AEIOU", Via Coronelli 6, I-20146 Milan
Telephone: +39 02 48 95 45 52 or 48 95 45 62 • Fax: +39 02 48 95 45 48

Japan
Maruzen Company, Ltd., 13-6 Nihonbashi, 3 chome, Chuo-ku, Tokyo 103-0027
Telephone: +81 3 3275 8582 • Fax: +81 3 3275 9072
Email: journal@maruzen.co.jp • Web site: http://www.maruzen.co.jp

Korea, Republic of
KINS Inc., Information Business Dept. Samho Bldg. 2nd Floor, 275-1 Yang Jae-dong
SeoCho-G, Seoul 137-130
Telephone: +02 589 1740 • Fax: +02 589 1746
Email: sj8142@kins.co.kr • Web site: http://www.kins.co.kr

Netherlands
De Lindeboom Internationale Publicaties B.V., M.A. de Ruyterstraat 20A,
NL-7482 BZ Haaksbergen
Telephone: +31 (0) 53 5740004 • Fax: +31 (0) 53 5729296
Email: books@delindeboom.com • Web site: http://www.delindeboom.com

Martinus Nijhoff International, Koraalrood 50, P.O. Box 1853, 2700 CZ Zoetermeer
Telephone: +31 793 684 400 • Fax: +31 793 615 698 • Email: info@nijhoff.nl • Web site: http://www.nijhoff.nl

Swets and Zeitlinger b.v., P.O. Box 830, 2160 SZ Lisse
Telephone: +31 252 435 111 • Fax: +31 252 415 888 • Email: infoho@swets.nl • Web site: http://www.swets.nl

New Zealand
DA Information Services, 648 Whitehorse Road, MITCHAM 3132, Australia
Telephone: +61 3 9210 7777 • Fax: +61 3 9210 7788
Email: service@dadirect.com.au • Web site: http://www.dadirect.com.au

Slovenia
Cankarjeva Zalozba d.d., Kopitarjeva 2, SI-1512 Ljubljana
Telephone: +386 1 432 31 44 • Fax: +386 1 230 14 35
Email: import.books@cankarjeva-z.si • Web site: http://www.cankarjeva-z.si/uvoz

Spain
Díaz de Santos, S.A., c/ Juan Bravo, 3A, E-28006 Madrid
Telephone: +34 91 781 94 80 • Fax: +34 91 575 55 63 • Email: compras@diazdesantos.es
carmela@diazdesantos.es • barcelona@diazdesantos.es • julio@diazdesantos.es
Web site: http://www.diazdesantos.es

United Kingdom
The Stationery Office Ltd, International Sales Agency, PO Box 29, Norwich, NR3 1 GN
Telephone (orders): +44 870 600 5552 • (enquiries): +44 207 873 8372 • Fax: +44 207 873 8203
Email (orders): book.orders@tso.co.uk • (enquiries): book.enquiries@tso.co.uk • Web site: http://www.tso.co.uk

On-line orders:
DELTA Int. Book Wholesalers Ltd., 39 Alexandra Road, Addlestone, Surrey, KT15 2PQ
Email: info@profbooks.com • Web site: http://www.profbooks.com

Books on the Environment:
Earthprint Ltd., P.O. Box 119, Stevenage SG1 4TP
Telephone: +44 1438748111 • Fax: +44 1438748844
Email: orders@earthprint.com • Web site: http://www.earthprint.com

United Nations (UN)
Dept. I004, Room DC2-0853, First Avenue at 46th Street, New York, N.Y. 10017, USA
Telephone: +800 253-9646 or +212 963-8302 • Fax: +212 963-3489
Email: publications@un.org • Web site: http://www.un.org

United States of America
Bernan Associates, 4611-F Assembly Drive, Lanham, MD 20706-4391
Telephone: 1-800-865-3457 • Fax: 1-800-865-3450
Email: order@bernan.com • Web site: http://www.bernan.com

Renouf Publishing Company Ltd., 812 Proctor Ave., Ogdensburg, NY, 13669
Telephone: +888 551 7470 (toll-free) • Fax: +888 568 8546 (toll-free)
Email: order.dept@renoufbooks.com • Web site: http://www.renoufbooks.com

Orders and requests for information may also be addressed directly to:

Sales and Promotion Unit, International Atomic Energy Agency
Wagramer Strasse 5, P.O. Box 100, A-1400 Vienna, Austria
Telephone: +43 1 2600 22529 (or 22530) • Fax: +43 1 2600 29302
Email: sales.publications@iaea.org • Web site: http://www.iaea.org/books